Vivian Mohr

Kriminell gut rechnen

Mit fesselnden Kurzkrimis mathematische Kompetenzen trainieren

Auer

Gedruckt auf umweltbewusst gefertigtem, chlorfrei gebleichtem
und alterungsbeständigem Papier.

4. Auflage 2017
Nach den seit 2006 amtlich gültigen Regelungen der Rechtschreibung

Illustrationen: Steffen Jähde
Satz: Fotosatz H. Buck, Kumhausen
Druck und Bindung: Kessler Druck + Medien GmbH, Bobingen
ISBN 978-3-403-**06506**-7

www.auer-verlag.de

Inhaltsverzeichnis

Vorwort

„Frau Mohr, wir kennen jetzt die Büchereiausweisnummer vom Erpresser!“ Mit diesen Worten empfing mich vor einigen Jahren meine 7. Klasse nicht wie gewohnt im Klassenraum, sondern bereits erwartungsvoll und aufgeregt auf dem Flur. Ich hatte ihnen am Ende der vorangegangenen Stunde ohne weiteren Kommentar meinen ersten Krimi („Die Erpressung“) vorgelesen. Nun konnten die Schüler den Beginn der Mathematikstunde kaum abwarten, um endlich stolz ihren „Ermittlungsweg“ vorzustellen, der nichts anderes war als die Lösung einer linearen Gleichung.

Deutlich zu erkennen war der Unterschied zwischen extrinsischer und intrinsischer Motivation, die entsteht, wenn Schüler in einen Krimi eintauchen und einen Fall lösen sollen – pardon, *wollen*, denn genau hier liegt ja der Unterschied. Schüler *sollen* Rechenaufgaben bearbeiten, aber wenn Schüler Krimis hören, dann *wollen* sie den Fall lösen – dass sie dabei mathematische Kenntnisse und Fähigkeiten anwenden, ist ihnen oft gar nicht richtig bewusst. Sie sind hartnäckig und *wollen* genauso schlau wie der Kommissar sein, wenn nicht sogar etwas schlauer ...

Seien wir mal ehrlich: Diesen Effekt kennen wir doch auch, wenn wir uns im Fernsehen einen Kriminalfilm anschauen. Wollen wir da nicht auch schon vor dem Ende des Films selbst den Mörder enttarnt haben? Haben wir nicht auch das Bedürfnis, unsere Theorie den Mitzuschauern zu erklären?
Mathematische Krimis im Unterricht zu verwenden, wird zum Selbstläufer, sie entwickeln eine wunderbare Eigendynamik, die nicht mehr zu bremsen ist, bis der Fall gelöst ist. Sie bringen Leben, Spannung und großen Spaß in den Klassenraum.

Nach dem oben beschriebenen Erlebnis beschloss ich, noch weitere Krimis zu schreiben, und es entstand diese Krimisammlung mit 15 Krimis aus unterschiedlichen Themengebieten für alle Klassen der Sekundarstufe I.

Lehnen Sie sich zurück und beobachten Sie, wie Ihre Schüler hoch motiviert mathematisch argumentieren und modellieren, Probleme lösen und vor allem viel miteinander kommunizieren.

Viel Spaß dabei wünscht — Vivian Mohr

Hinweise für den Unterricht

Die Krimis können zu verschiedenen Zeitpunkten und auf verschiedene Arten im Unterricht behandelt werden.

Man kann sie zur **Einführung** in ein neues Thema verwenden (z. B. „Das Jubiläum" – Primzahlen), aber auch zur **Übung** und **Anwendung** bereits gelernter Sachverhalte (z. B. „Selbst schuld!" – Der Satz des Pythagoras). Die Krimis eignen sich natürlich auch hervorragend für eine **Vertretungsstunde** oder einfach mal zwischendurch, um ein vor längerer Zeit behandeltes Thema zu **wiederholen**.

Jeder Krimi wird von mehreren Aufgaben begleitet, die zur Lösung hinführen oder den mathematischen Sachverhalt weiter vertiefen. Diese fakultativen Arbeitsblätter können in den verschiedensten Sozialformen bearbeitet werden. Sie eignen sich in besonderem Maße für die **Gruppenarbeit** und **fördern die Kommunikation**. Schließlich endet jeder Aufgabenteil mit einer **zusätzlichen kreativen Aufgabe**, die mit einem Symbol gekennzeichnet ist: Hier sollen die Schüler das mathematische Problem und seine Lösung in eigenen Worten selbstständig und adressatengerecht in einem Brief, einem Artikel o. Ä. formulieren.

Selbstverständlich können die Krimis auch ohne begleitende Aufgaben von der Klasse gelöst werden.

Egal, welchen Weg Sie wählen: Die Krimis bilden eine ideale Grundlage zur Weiterentwicklung der **allgemeinen mathematischen Kompetenzen gemäß der Bildungsstandards**. Ganz von allein werden die Schüler bei ihrem „Ermittlungsweg" mathematisch argumentieren und modellieren, sie werden mathematische Darstellungen verwenden und mit symbolischen und formalen Elementen der Mathematik umgehen. Außerdem entstehen hervorragende Möglichkeiten, viel miteinander zu **kommunizieren** und schließlich Ideen, Überlegungen und **Lösungen vor der Klasse zu präsentieren**.

Die Explosion

Erst dachte Kommissar Knick, es handle sich um einen Aprilscherz, denn es war der 1. April. Genauso reagierten viele Bewohner des Hansarings und folgten den Anweisungen der Polizei nicht. Seit circa 20 Minuten fuhr ein Polizeiauto mit Lautsprecher durch die Straße und forderte alle Bewohner des Hansarings auf, ihre Wohnungen sofort zu verlassen. Der Hansaring war eine viel befahrene Straße mit circa 280 Häusern. Dabei handelte es sich um mehrstöckige Wohnblocks mit jeweils um die 12 Wohnungen. Trotz der pausenlosen Durchsagen kam kein Bewohner auf die Straße. Wie schon gesagt, wir hatten den 1. April und alle dachten, auch die Polizei wolle einen Aprilscherz machen.

Kommissar Knick trat ans Fenster und sah, dass das Auto nun stehen geblieben war und dass der Fahrer mit einem Passanten auf der Straße wild diskutierte. Er ging hinunter und hörte noch das Ende des Gesprächs: „Ich verlasse meine Wohnung jedenfalls nicht, nur weil sich die Polizei mal wieder so dämlich anstellt." Nun, das war ein hartes Urteil und Kommissar Knick wusste immer noch nicht, was eigentlich los war.

Er ging zu dem Polizisten, zeigte seinen Dienstausweis und bat ihn um Erklärungen. „Ja", druckste der Polizist herum, „das ist eine ganz seltsame Sache. Wir haben einen anonymen Brief erhalten. Und deswegen lassen wir lieber die ganze Straße evakuieren." „Was stand denn in dem Brief?", fragte Kommissar Knick. „Hier ist er. Sie können ihn ja selbst lesen und sich einen Reim darauf machen." Der Polizist hielt Kommissar Knick einen zerknitterten Brief entgegen. Kommissar Knick öffnete ihn und las:

Man nennt mich Crazy, weil die Leute glauben, ich wäre verrückt. Ich bin es aber nicht. Ich habe eine Mission zu erfüllen. Ich muss die Stadt vom Bösen befreien. Alles ist vorbestimmt, meine innere Stimme leitet mich, und das ist gut so. Die Explosion in der Wacholderstraße, das war ich: Ich habe das Böse entfernen können. Das Haus Nummer 7 war böse. Jetzt ist es nicht mehr da, und das ist gut für die Stadt. Ihr könnt mir dankbar sein. Auch die anderen Häuser mussten entfernt werden, sonst wäre die Stadt vom Bösen verschlungen worden. Ja, die Bewohner sind bei den Explosionen umgekommen, aber das ist nicht meine Schuld. Ich rette all die anderen Menschen der Straße vor dem Bösen.

Der Kommissar machte eine kurze Pause und fragte den Polizisten: „Auch die anderen Explosionen? Was waren das für Explosionen?"

„Ach", seufzte der Polizist, „eigentlich sollte das alles geheim bleiben. Die Polizei wollte die Einwohner nicht beunruhigen, aber in den letzten fünf Tagen gab es in fünf verschiedenen Häusern der Stadt eine Explosion und die Bewohner sind alle dabei umgekommen. Hier ist die Liste." Kommissar Knick las:

Explosionen

1. Explosion: Wacholderstraße Nr. 7,
2. Explosion: Lessingstraße Nr. 13,
3. Explosion: Münzstraße Nr. 25,
4. Explosion: Dorotheenstraße Nr. 49,
5. Explosion: Südstraße Nr. 97

„Mmmh.“ Er nahm wieder den anonymen Brief zur Hand.

In der Nacht vom 1. zum 2. April werde ich den Hansaring reinigen. Das Böse wird verschwinden. Ich sage euch: Es wird der Hansaring sein, aber meine innere Stimme wird mir noch die Hausnummer verraten. Ich werde dort die Bombe legen.
Euer Crazy

Kommissar Knick sah den Polizisten skeptisch an: „Innere Stimme? Ich glaube auch, dass Crazy ein Verrückter ist, aber die Hausnummer hat nichts mit einer überirdischen inneren Stimme zu tun. Die ist doch wohl schon klar. Sie brauchen deswegen doch nicht den ganzen Hansaring zu evakuieren.“ Der Polizist sah ihn erstaunt an. „Klar? Ich wüsste nicht, was daran klar wäre. Nichts ist klar.“ „Ach“, entgegnete Kommissar Knick, „schauen Sie sich einfach die ersten fünf Hausnummern an, dann liegt die nächste doch auf der Hand. Sie können sich das ja mal überlegen. Ich wohne in der Hausnummer 23 und mein Haus wird bestimmt nicht explodieren. Ich werde also nicht ausziehen. Wenn Sie die Nummer nicht rausbekommen, können Sie gerne bei mir klingeln. Mein Name ist Knick. Hier ist auch meine E-Mail-Adresse.“ Kommissar Knick gab dem Polizisten ein Kärtchen, drehte sich um und ging. Der Polizist traute seinen Augen und Ohren nicht. Er wollte gerade etwas sagen, aber da war Kommissar Knick schon verschwunden. „Na gut, dann krieg ich die nächste Hausnummer eben selbst raus. So schwer kann das nun auch nicht sein.“

1. Schreibe die ersten fünf Hausnummern noch einmal auf. Findest du eine Regel (eine Vorschrift), die dahintersteckt?

2. Schreibe die nächste Hausnummer auf. Hat Kommissar Knick recht? Muss er wirklich nicht ausziehen?

3. Schreibe zu den Zahlenfolgen die nächsten drei Folgeglieder auf. Notiere auch die Vorschrift dazu.

a) 5, 10, 20, ……

b) 2, 9, 16, ……

c) 7, 6, 12, 11, 22, ……

d) 3, 15, 75, ……

e) 2, 3, 5, 8, ……

4. Erfinde selbst zwei Zahlenfolgen, sodass Kommissar Knicks Haus doch als nächstes explodieren wird. Schreibe auch die Vorschrift dazu auf.

Zahlenfolge 1: ……

Zahlenfolge 2: ……

5. Fülle die Lücken aus. Welche Häuser bleiben am Ende noch stehen? Male sie farbig aus.

a) 1. Explosionsreihe: ……, ……, 15, 20, 25

b) 2. Explosionsreihe: ……, ……, ……, ……, 32, 64, 128

c) 3. Explosionsreihe: ……, ……, ……, 9, 13, 15, 19, 21, 25

6. Obwohl der Polizist sehr lange nachdenkt, kann er die Hausnummer nicht herausfinden. Daher schreibt er Kommissar Knick folgende E-Mail:

Sehr geehrter Kommissar Knick,

ich erinnere mich noch sehr gut an unser Gespräch von heute Morgen. Ich habe in der Zwischenzeit wirklich viel nachgedacht. Es könnte vielleicht wieder die Nummer 7 sein? Oder die 98?
Ich bin mir aber nicht sicher. Ich würde mich freuen, wenn Sie mir jetzt doch die richtige Hausnummer verraten könnten. Bitte erklären Sie mir auch den Trick, der dahintersteckt, und wie man darauf kommt. Schließlich will ich das ja dann auch meinen Kollegen erklären. Und beim nächsten Mal wollen wir es ja alleine herausbekommen.

Herzlichen Dank Ingo Gerdmann

Natürlich antwortet Kommissar Knick. Er ist ja sehr hilfsbereit. Schreibe die E-Mail.

Der Betrug

Das Telefon klingelte. Es war Kommissar Knicks Patenkind Charlotte. Charlotte war elf Jahre alt und die beiden mochten sich sehr, auch wenn sie sich nur sehr selten sahen. Zum Geburtstag bekam Charlotte immer eine Einladung ins Kino mit anschließendem Eisessen. Dabei erzählte Kommissar Knick von seiner Arbeit. Charlotte hörte jedes Mal gebannt zu; sie konnte gar nicht genug bekommen von diesen „Schurken", wie sie immer sagte. Ein Fall war spannender als der andere und ihr Patenonkel erschien ihr immer als ein Superheld. Charlotte war so stolz auf ihren Kommissar Knick!

Aber die Tatsache, dass Charlotte im Februar anrief, war seltsam, da sie ja erst im Oktober Geburtstag hatte. Noch seltsamer war es, als Charlotte Kommissar Knick fragte, ob sie ihn zusammen mit einer Schulkameradin besuchen könnte. Kommissar Knick sagte natürlich ja. „Okay, wir kommen sofort!", rief Charlotte eifrig in den Telefonhörer. „In zehn Minuten sind wir da."

Kommissar Knick räumte schnell das Wohnzimmer auf, stellte ein paar Schokoladenkekse auf den Wohnzimmertisch und grübelte erfolglos, was die beiden Mädchen wohl auf dem Herzen haben könnten. Kurz danach klingelte es schon an der Wohnungstür und die beiden traten ein. Charlotte stellte ihm das andere Mädchen vor: Es war Alisa, die Klassensprecherin von Charlottes Klasse. „Wir haben ein Problem in unserer Klasse", begann Charlotte, „ach, erzähl du besser", wandte sie sich aber dann zu Alisa und so erfuhr Kommissar Knick folgende unglaubliche Geschichte: Da die Klasse in ein paar Wochen eine Klassenfahrt machen wollte, führte sie zusammen mit ihrer Kunstlehrerin Frau Klein eine Geldsammelaktion durch. Im Kunstunterricht bastelte die Klasse kleine Kunstobjekte, zum Beispiel Fensterbilder, Geschenkanhänger, Postkarten und Mobiles. Dann verkaufte die Klasse die Werke auf dem Wochenmarkt. Das Geld kam in die Klassenkasse und so brauchte jeder am Ende weniger für die schöne Fahrt nach Sargenroth zu bezahlen. Das Problem war nur, dass Sebastian, der für die Finanzen zuständig war, am Ende der Markttage das Geld mit nach Hause nahm, um es anschließend auf ein Sparbuch einzuzahlen. „Wir haben natürlich nie gezählt, wie viele Postkarten und so wir verkauft haben und wir haben auch nie das Geld in der Kasse gezählt." „Mmmh", brummte Kommissar Knick, „das war vielleicht ein bisschen leichtsinnig von euch." „Ja", gaben die Mädchen zu, „vielleicht, aber wer konnte denn so etwas ahnen. Jedenfalls machte sich Sebastian seit Beginn der Aktion verdächtig: Plötzlich trug er teure Jeans, besaß neue Computerspiele und so. Er behauptete zwar, das Geld eingezahlt zu haben, aber wir glauben ihm das nicht." „Aha", verstand Kommissar Knick, „und ihr wollt nun, dass ich Sebastian des Betrugs überführe." „Genau!" Darin waren sich die beiden Mädchen einig. Sie strahlten. „Was habt ihr denn für Beweise?", wollte Kommissar Knick wissen. „Nicht viele", entgegnete Charlotte, „wir haben eine Kopie des Sparbuchs, auf das wir regelmäßig das eingenommene Geld eingezahlt haben. Dort sind alle Einzahlungen seit Beginn der Aktion notiert. Am 1. August haben wir angefangen. Da haben wir erst einmal das Konto eröffnet. Man musste 1 € Startguthaben einzahlen, das hat uns Frau Klein spendiert. Am 15. August haben wir 122 € eingezahlt, siehst du?" Kommissar Knick schaute sich die Liste aufmerksam an.

Datum	Guthaben	Ein-/ Auszahlung	neuer Betrag	Bemerkung
01.08.2013	0,–	1,–	1,–	Startguthaben
15.08.2013	1,–	122,–	123,–	Fensterbilder
30.08.2013	123,–	321,–	444,–	Anhänger
15.09.2013	444,–	133,–	577,–	Postkarten
30.09.2013	577,–	441,–	1 018,–	Mobiles

„Und dann haben wir noch dies hier." Sie schüttete den Inhalt einer Plastiktüte auf den Wohnzimmertisch. Dort lagen dann ein Fensterbild mit einem kleinen Preisschild von 5 €, ein Geschenkanhänger für 2 €, eine Postkarte, die 3 € kosten sollte, und ein schönes Holzperlenmobile für 4 €. Schließlich erkannte Kommissar Knick noch einen ausgespuckten Kaugummi, ein Haar und eine leere Coladose. Charlotte, die den skeptischen Blick von Kommissar Knick sah, erklärte: „Den Kaugummi, das Haar und die Coladose sind für die DNA-Analyse. Was meinst du, wirst du uns helfen können?" Sie blickte ihren Onkel ganz erwartungsvoll an. Kommissar Knick schaute sich all die Sachen noch einmal an und lächelte dann: „Auf deinen Patenonkel kannst du dich verlassen. Ich werde euch helfen und ich weiß auch schon wie ..."

1. Hier noch einmal die wichtigsten Informationen aus dem Sparbuch, die du für die Überführung des Betrügers brauchst. Lies sie dir noch einmal in Ruhe durch.

Datum	*Guthaben*	*Ein-/ Auszahlung*	*neuer Betrag*	*Bemerkung*
01.08.2009	*0,–*	*1,–*	*1,–*	*Startguthaben*
15.08.2009	*1,–*	*122,–*	*123,–*	*Fensterbilder*
30.08.2009	*123,–*	*321,–*	*444,–*	*Anhänger*
15.09.2009	*444,–*	*133,–*	*577,–*	*Postkarten*
30.09.2009	*577,–*	*441,–*	*1 018,–*	*Mobiles*

„Und dann haben wir noch dies hier." Sie schüttete den Inhalt einer Plastiktüte auf den Wohnzimmertisch. Dort lagen dann ein Fensterbild mit einem kleinen Preisschild von 5 €, ein Geschenkanhänger für 2 €, eine Postkarte, die 3 € kosten sollte, und ein schönes Holzperlenmobile für 4 €.

2. Charlotte geht davon aus, dass die eingezahlten Beträge nicht stimmen können, auch wenn sie nicht weiß, wie viele Objekte jeweils verkauft worden waren. Wir untersuchen das nun genauer.
Fülle die Tabelle aus:

	Preis pro Stück in €	**Einzahlung laut Sparbuch in €**	**Anzahl der verkauften Stücke**
Fensterbilder			
Anhänger			
Postkarten			
Mobiles			

3. Woran kann man also erkennen, dass Sebastian betrogen hat?

....

....

....

....

4. Wie hätte Sebastian betrügen können, ohne dass man es sofort merkt? Gib für jedes Objekt ein Beispiel und versuche allgemein zu erklären, wie die Beträge für die einzelnen Objekte sein müssen.

Beispiele:

Fensterbilder: ....

Anhänger: ....

Postkarten: ....

Mobiles: ....

Allgemeine Erklärung: ....

....

5. Umkreise jeweils die Beträge, die mögliche Einzahlungen für die einzelnen Objekte darstellen.

Fensterbilder	Anhänger	Postkarten	Mobiles
10 € 72 € 35 € 330 € 857 € 166 € 120 € 700 € 1 000 €	22 € 48 € 8 € 15 € 33 € 123 € 460 € 445 € 24 568 €	234 € 474 € 123 € 353 € 63 € 866 € 1 035 € 22 876 €	82 € 48 € 354 € 220 € 94 € 140 € 1 221 € 7 000 € 3 224 €

6. An einem anderen Stand gibt es große Strohsterne für 8 €, Adventskalender für 10 € und große Vogelhäuschen für 25 €. Schreibe jeweils drei mögliche und drei nicht mögliche Einzahlungsbeträge für diese Objekte auf.

Strohsterne: ....

....

Adventskalender: ....

....

Vogelhäuschen: ....

....

7. Kommissar Knick erklärt Charlotte, wie er den Betrug entdeckt hat. Charlotte und Alisa reden mit Frau Klein und die Lehrerin verlangt daraufhin natürlich eine Aussprache mit Sebastian.
Schreibe das Gespräch zwischen Frau Klein, Charlotte, Alisa und Sebastian, in dem Sebastian des Betruges überführt wird, auf.

Das Jubiläum

„Hallo! Hier ist Hama aus'm Bau", sagte die Stimme am Telefon. Kommissar Knick setzte sich erst einmal. Hama aus'm Bau? Ein Gefangener namens Hama? „Mmmh. Ja, Sie wünschen?", fragte Kommissar Knick den Unbekannten „Ach, Kommissar Knick, geben Sie's zu, Sie erinnern sich nicht mehr an mich. Ich bin's, Hans-Martin Geiger. Sie haben mich vor acht Jahren hinter Gitter gebracht, weil ich mit Falschgeld gehandelt hatte." Ja richtig, Kommissar Knick fiel die Sache wieder ein. Dieser Hans-Martin Geiger war eigentlich ein sehr netter Kerl gewesen. Insgeheim tat es ihm sogar leid, dass sie ihn schließlich geschnappt hatten. Er hatte damals mit Falschgeld gehandelt, weil er zu der Zeit schnell viel Geld brauchte: Seine Schwiegermutter erkrankte plötzlich schwer und die Behandlungskosten waren so immens, dass Hans-Martin nur die Möglichkeit sah, eine Straftat zu begehen. Im Vergleich zu einem Banküberfall oder einer Entführung erschien ihm die Produktion von Falschgeld eher als weniger kriminell. Ja, Hans-Martin Geiger war ein herzensguter Mensch, aber was bestraft werden muss, muss bestraft werden, und so wanderte er ins Kittchen. Und das war nun schon wieder acht Jahre her. „Ach, Hans-Martin, natürlich, jetzt erinnere ich mich wieder. Wie geht es Ihnen?" „Ja, ganz gut. Stellen Sie sich vor: Ich muss eigentlich noch zwei Jahre hier im Gefängnis bleiben, aber unsere Einrichtung feiert ihr 100-jähriges Jubiläum und die machen da so 'ne Aktion." Jubiläum? Aktion? Kommissar Knick traute seinen Ohren nicht. Das hörte sich eher nach einem Kaufhaus als nach einem Gefängnis an. „Also, zur Feier des Tages will das Gefängnis eine bestimmte Anzahl von Häftlingen freilassen. Einfach so!" „ Mensch, klasse!", freute sich Kommissar Knick, „und Sie wurden ausgewählt?" „Na, ganz so einfach ist das nicht. Die Gefängniswärter haben sich Folgendes überlegt: Nach dem Mittagsausgang muss normalerweise jeder Sträfling in seine eigene Zelle zurück. Doch dieses Mal darf sich jeder selbst eine Zelle aussuchen." „Aha, und was soll das?" Kommissar Knick schien nicht recht zu verstehen. „Ja, lassen Sie mich doch ausreden. Also, jeder sucht sich seine neue Zelle mit einer neuen Nummer aus. Ich habe zum Beispiel die Zelle 85 und kann in eine andere Zelle gehen. Aber nur fünf Zellenzahlen kleiner oder größer, also höchstens 90 und mindestens 80. Na ja, es gibt ja sowieso insgesamt nur 100 Zellen." „Ja, was soll das Ganze denn?" Kommissar Knick wurde langsam ungeduldig. „Ich erkläre es doch gerade. Jetzt hören Sie doch mal zu. Ich wähle also eine Zelle aus. Dann warten wir auf die Gefängniswärter. Der erste Wärter malt dann von außen an jede Tür ein rotes Kreuz. Der zweite Wärter malt ein Kreuz an jede zweite Tür, der dritte Wärter macht das Gleiche an jeder dritten Tür und so weiter, bis der hundertste Wärter fertig ist. Dann ist alles vorbei. Und jetzt kommt's: Der Oberaufseher kommt und öffnet alle Türen, die genau zwei rote Kreuze besitzen. Die Häftlinge dahinter sind auf der Stelle frei. Kommissar Knick, Sie müssen mir helfen! Welche Zelle soll ich nur nehmen?" Kommissar Knick begann zu lachen. „Ja, wenn's weiter nichts ist. Ich glaube, da kann ich Ihnen helfen."

1. Hier siehst du die hundert Türen der Gefangenen. Spiele nun die Rolle der hundert Wärter und mache deine Kreuze. Du erinnerst dich:
„Der erste Wärter malt dann von außen an jede Tür ein rotes Kreuz. Der zweite Wärter malt ein Kreuz an jede zweite Tür, der dritte Wärter macht das Gleiche an jeder dritten Tür und so weiter, bis der hundertste Wärter fertig ist. Dann ist alles vorbei."

1	2	3	4	5	6	7	8	9	10
11	12	13	14	15	16	17	18	19	20
21	22	23	24	25	26	27	28	29	30
31	32	33	34	35	36	37	38	39	40
41	42	43	44	45	46	47	48	49	50
51	52	53	54	55	56	57	58	59	60
61	62	63	64	65	66	67	68	69	70
71	72	73	74	75	76	77	78	79	80
81	82	83	84	85	86	87	88	89	90
91	92	93	94	95	96	97	98	99	100

2. Nun spielst du den Oberaufseher: *„Der Oberaufseher kommt und öffnet alle Türen, die genau zwei rote Kreuze besitzen. Die Häftlinge dahinter sind auf der Stelle frei."*
Welche Türen sind das?

....

....

3. Welche Zelle(n) sollte sich Hans-Martin also aussuchen?

....

4. Angenommen, das Gefängnis hätte 300 Zellen und 300 Wärter. Welche der folgenden Zellen würdest du aussuchen und warum?

Zelle	ja/nein	Begründung
202		
204		
255		
261		
263		
270		
272		
285		
291		

5. Nach seiner Freilassung wird bekannt, dass Hans-Martin den Durchblick hat, weshalb ihn auch Gefangene aus anderen Gefängnissen um Rat bitten. Natürlich hilft Hans-Martin nicht jedem, wohl aber seinem Kumpel Egon. Egon sitzt in Zelle 110 von insgesamt 120 Zellen. Logischerweise kann Hans-Martin nur verschlüsselt mit ihm kommunizieren, da die Wärter alle Briefe lesen und gegebenenfalls aussortieren. Hans-Martin schreibt ihm daher einen Brief, in dem er über alles Mögliche berichtet und Egon ganz geschickt die richtige Zellentür in verschlüsselter Weise vermittelt.

An:
Egon Unschuldslamm
Zelle 110
Stadtgefängnis
88223 Repel

Die Revolution

Eigentlich hatte Kommissar Knick sich einen ruhigen Abend machen wollen. Nach all den Überstunden in der vergangenen Woche hatte er sich ein paar Stunden Erholung bei einem Gläschen Wein und ein paar kalifornischen Pistazien redlich verdient. Aber natürlich kam wieder alles anders. Wie oft hatte er sich schon vorgenommen, in solchen Augenblicken das Telefon auszustecken, aber nie brachte er es übers Herz: „Vielleicht geht es ja gerade jetzt um Leben und Tod." Also blieb das Kabel in der Buchse und es dauerte keine zwei Minuten, bis es klingelte. Mürrisch erhob sich Kommissar Knick von seinem Sessel. „Knick", meldete sich der Kommissar. „Hast du gerade Zeit für mich oder störe ich?", fragte aufgeregt eine Mädchenstimme. Es war schon wieder Charlotte, Kommissar Knicks Patenkind. „Charlotte, du weißt doch, dass du nie störst. Wo bist du?" „Ich stehe unten vor deiner Haustür, traue mich aber nicht, zu dir hinaufzugehen, ich will dich ja nicht schon wieder nerven." „Jetzt hör aber auf, los, komm schon hoch!" Kommissar Knick drückte auf den automatischen Türöffner. „Oh, ich liebe Pistazien!", rief Charlotte, als sie die angefangene Tüte auf dem Wohnzimmertisch sah. „Darf ich?" „Natürlich!" Kommissar Knick lächelte sie freundlich an. „Wo drückt der Schuh?" „Ich glaube, wir haben bald eine Relovu ..., nee, Revalu ... Mensch, du weißt schon ... bei uns an der Schule!" „Revolution, meinst du das?" „Ja genau. Du weißt doch, unsere Schule hat, wie jede Schule, eine Schülervertretung und diese Schülervertretung sollte, wie der Name schon sagt, die Schüler vertreten und ehrlich sein und auf Seiten der Schüler sein." „Und das ist bei euch nicht der Fall?", fragte Kommissar Knick. „Im Gegenteil. Es sind richtige Verräter, Spitzel, Betrüger. Und die haben wir auch noch gewählt. Es ist eine Schande." „Jetzt erzähl mal! Was ist denn passiert?" „Ja, also, wir haben ja nächste Woche unseren Weihnachtsbasar. Der ist aber nur für die Unterstufe, also die fünften und sechsten Klassen. Und genau das, also, dass wir noch so klein sind, nutzen die da oben aus. Jedenfalls soll von den Einnahmen wie jedes Jahr etwas gespendet werden, und zwar ein Teil für eine gute Sache, zum Beispiel für ein Tierheim oder so, und ein Teil geht an die Schülervertretung selbst. Mit dem Geld können sie dann etwas für die Schüler anschaffen. Den Rest, das war bisher immer die Hälfte, darf die Klasse behalten. Dieses Jahr will die Schülervertretung für die Oberstufenschüler neue Sofas für den Oberstufenraum kaufen, und die sind ziemlich teuer. Wir Unterstufenschüler dürfen diesen Raum gar nicht nutzen. Die Schülervertretung glaubt, dass das Geld, das sie voraussichtlich beim Weihnachtsbasar einnehmen wird, nicht reichen wird. So, und dann haben sie in der letzten Klassensprecherversammlung bekannt gegeben, dass ab sofort die Klassen nicht mehr die Hälfte ihrer Einnahmen behalten dürfen, sondern nur noch ein Viertel. Damit waren unsere Klassensprecher natürlich nicht einverstanden. Die Fünftklässler haben sich aber nicht getraut, etwas zu sagen. Unser Klassensprecher Olli hatte zum Glück den Mut und hat gesagt, dass er das nicht okay findet. Daraufhin haben die Oberstufenschüler ihm ein anderes Angebot gemacht: „Na gut, wenn euch $\frac{1}{4}$ nicht reicht, dann geben wir euch $\frac{2}{8}$ eurer Einnahmen." Damit war Olli aber auch nicht einverstanden. Gut, ein letztes Angebot, aber mehr könnten sie uns wirklich nicht lassen: $\frac{3}{12}$. Olli hat das Angebot schließlich angenommen und die anderen Fünftklässler natürlich auch, sie haben Olli ja vertraut. Aber irgendwie kam uns die Sache spanisch vor. Wir fragen uns, ob die da oben uns nicht gerade über den Tisch ziehen." „ Ja", sagte Kommissar Knick, „das sieht ganz so aus ..."

1. Vielleicht ist dir in der Geschichte auch etwas spanisch vorgekommen. Vielleicht aber auch nicht. Deshalb untersuchen wir mal genauer das Vorgehen der Schülervertretung:

Veranschauliche mithilfe der Kreise die drei Angebote:

Angebot 1: Angebot 2: Angebot 3:

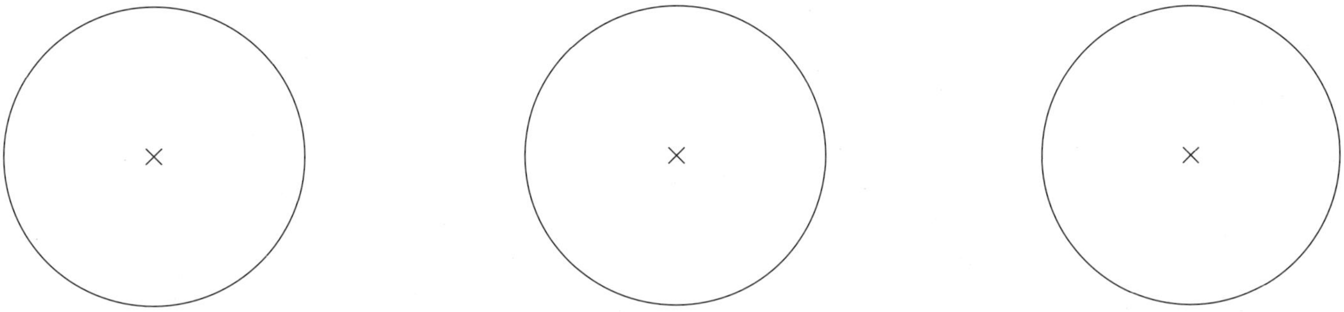

2. Welche anderen Angebote dieser Art hätte die Schülervertretung noch machen können? Gib zwei weitere Möglichkeiten an.

....

....

....

3. Angenommen, die Schülervertretung wollte nicht $\frac{1}{4}$, sondern $\frac{1}{3}$ der Einnahmen bei den Klassen belassen. Welche „Verbesserungsangebote“ hätte sie dann machen können, um Olli zu täuschen? Gib drei Möglichkeiten an. Fertige auch jedes Mal eine kleine Skizze an.

Angebot 1:	Angebot 2:	Angebot 3:

4. Wie funktioniert der Trick? Benutze in deiner Erklärung Fachbegriffe wie *Nenner, Zähler, multiplizieren, den Wert ändern, …*

5. Charlottes Klasse beschwert sich daraufhin bei der Schülervertretung. Diese ist aber weder bereit, ein Gespräch mit den „Kleinen" zu führen, noch sich zu entschuldigen, geschweige denn, ihre Forderungen zu ändern. Schließlich schreibt die Klasse einen Beschwerdebrief an den Direktor, in dem sie zunächst kurz schildert, was vorgefallen ist und wie genau die Schülervertretung die Schüler hereingelegt hat. Schreibe den Brief.

Hühnerkacke

Eigentlich war es ja ein Fall für den Tierschutz. Aber da Kommissar Knick gerade keinen anderen „Menschenfall" zu lösen hatte, nahm er den sogenannten „Hühnerfall" an. „Hühnerfall" … ja, die Hauptakteure waren Hühner, aber nicht als Täter, sondern als Opfer … aber irgendwie waren die Menschen dann auch wieder Opfer … Schließlich aßen die Menschen ja irgendwann diese Hühner oder deren Eier.

Es ging um eine alte Biobäuerin namens Gertrud Schlick. Jedenfalls behauptete sie von sich, dass sie Biobäuerin sei und die Tiere nach allen Tierschutzregeln artgerecht hielt: genügend Auslauf, ausreichendes und hochwertiges Futter ohne genmanipulierte Produkte und so weiter. Dafür erhielt sie aber auch für ihre Erzeugnisse einen viel höheren Preis, als wenn sie die Tiere nach konventionellen Methoden in Käfigen oder in einem engen Stall gehalten hätte.

Julia, Leonie und Noah, drei Kinder aus einem Nachbarort, hatten aber angeblich gesehen, dass Frau Schlicks Hühner, die aufgrund der Anzahl der Tiere mindestens einen Auslauf von 1 600 m^2 bräuchten, regelmäßig auf einer klitzekleinen Fläche zusammengepfercht waren. Von artgerechter Haltung also keine Spur. Die drei Kinder waren entsetzt, als sie sahen, wie die Hühner vor Aufregung über die Enge aufeinander losgingen und sich mit ihren Schnäbeln verletzten.

Das Problem war nur, dass jedes Mal, wenn Kontrollbehörden vorbeischauten, die Hühner auf einer riesigen Wiese frei herumliefen und man den Kindern somit keinen Glauben schenkte. Die Beschwerden der Kinder hörten aber nicht auf und als sie schließlich zusammen mit ihrer Biologielehrerin einen Brief an den Bürgermeister verfassten, wurde die Sache endlich weitergeleitet. Und nun war es die Aufgabe von Kommissar Knick, dem „Hühnerproblem" auf den Grund zu gehen.

Kommissar Knick plante, mit einem Überraschungsbesuch das Rätsel zu lösen, hatte aber keinen Erfolg, denn die Hühner liefen vergnügt auf der riesigen Weide zusammen mit einigen Kühen umher. Es war wie auf einer Postkarte. Sollten die drei Kinder das alles nur erfunden haben, um sich wichtig zu machen? Oder war Frau Schlick eine ganz gerissene Person? Ihr Bauernhof lag ganz oben auf einem Hügel, von dem sie von Weitem schon sah, wenn jemand sie besuchen wollte. Sie hätte dann noch genügend Zeit, alles so zu verändern, dass sich keiner beklagen konnte.

„Ja, das ist immer so", behauptete Frau Schlick. „Die Hühner brauchen ja ausreichend Auslauf. Und ich bin ja keine Tierquälerin, sondern Biobäuerin. Das Wohlergehen der Hühner liegt mir besonders am Herzen. Wissen Sie, ein Huhn ist wie ein Mensch. Man muss es respektieren und ihm ein würdiges Leben ermöglichen. Ich habe mich entschieden, Biobäuerin zu werden, weil ich die Tiere liebe. Das Geld ist mir dabei egal. Die Tiere sollen es nur gut bei mir haben." Es klang ein bisschen auswendig gelernt, ein bisschen heuchlerisch, aber das war nun wirklich keine Beweisgrundlage. „Kinder aus dem Dorf haben gesehen, dass Sie die Hühner regelmäßig auf einer ganz kleinen Fläche zusammenpferchen. Eine Fläche, die weit kleiner ist als die vorgeschriebenen 1 600 m^2. Was sagen Sie dazu?", fragte Kommissar Knick.

„Das kann nicht sein. Die Hühner sind immer hier und haben ihren Auslauf, wie es sich für Biohühner gehört", entgegnete Frau Schlick. Sie schien ein wenig gereizt, aber Kommissar Knick ließ nicht locker: „Es sind aber ganz viele Kinder, die das behaupten." „Dann haben sich diese vielen Kinder halt verguckt", antwortete sie ein wenig schnippisch. Nach einer kurzen Pause fügte sie hinzu: „Gut, ab und zu zäune ich eine kleinere Fläche für die Hühner ein. Ich habe ja keine Lust, überall auf meiner Wiese Hühnerkacke zu finden. Und jeden Tag die ganze Kacke wegmachen, nee, also wirklich nicht … Also kommen die Hühner ab und zu in einen Stall. Der ist aber groß genug, da kann sich keiner beklagen."

„Könnten Sie mir den Stall mal zeigen?", fragte Kommissar Knick höflich.

„Nun, eigentlich ist es nur ein Maschendraht, den ich ausrolle. Sehen Sie die beiden Mauern, die hier rechtwinklig zueinander stehen? Ich befestige den Maschendraht irgendwo an den beiden Mauern so, dass ein rechteckiges Gehege entsteht. Das geht ruckzuck, kostet nicht viel Geld und mit der Länge von 60 m komme ich mit dem Maschendraht immer noch locker auf die geforderten 1 600 m^2.

„Locker? Na, das muss erst einmal überprüft werden", brummte Kommissar Knick in seinen Bart, aber er wusste schon, dass er nun die Bäuerin überführen konnte …

1. Verschaffe dir zunächst einen Überblick über die Situation, indem du den Hühnerstall grob zeichnest. Die genauen Längen der einzelnen Seiten kannst du zunächst vernachlässigen. Achte aber auf die Form und beschrifte dabei auch die Mauern und den Maschendraht.

2. Der Maschendraht ist 60 m lang. Er kann auf verschiedene Arten aufgeteilt werden. Gib drei Möglichkeiten an. Fertige auch jedes Mal eine Skizze an.

3. Laut Aussage der Bäuerin brauchen die Hühner eine Fläche von 1 600 m². Berechne jeweils zu deinen drei Beispielen aus Aufgabe 2 den zugehörigen Flächeninhalt. Sind es 1 600 m²?

4. Wie muss die Aufteilung der 60 m Maschendrahtzaun sein, damit der Flächeninhalt am größten ist?

Länge: ....

Skizze:

Breite: ....

Flächeninhalt: ....

5. Hat die Bäuerin also recht oder nicht?

....

6. Wie lang muss der Maschendrahtzaun sein, damit man mithilfe der Mauern einen Stall mit der Fläche 1 600 m^2 bauen kann? Gib drei verschiedene Möglichkeiten an (Skizzen und zugehörige Maschendrahtlänge).

7. Wie lang müsste der Maschendrahtzaun mindestens sein, wenn man einen 1 600 m^2 großen Stall ohne die Mauern bauen wollte?

8. Julia, Leonie und Noah wollen einen Artikel für ihre Schülerzeitung schreiben. Sie berichten darin von ihrer Entdeckung und der Überführung der Bäuerin. Sie illustrieren ihren Artikel auch durch einige Zeichnungen. Schreibe für sie den Artikel und fertige geeignete Zeichnungen an.

Die Klassenfahrt

Es war 14.30 Uhr. Zeit für Kommissar Knick, seine verspätete Mittagspause zu genießen. Dabei handelte es sich meistens eher um ein Herunterschlingen von irgendwelchen Broten oder Hamburgern, denn meistens wurde er sowieso dabei mehrmals gestört.

So auch heute: Er hatte noch nicht einmal in sein Salamibrötchen gebissen, da klopfte es schon an der Tür. „Herein!“, murrte Kommissar Knick. Es war Charlotte, Kommissar Knicks Patenkind. Ohne ihren Patenonkel zu begrüßen, setzte sie sich hin und schoss los: „Also jedenfalls werde ich nicht noch einmal Klassensprecherin. Das war das letzte Mal. Das können die in Zukunft alles alleine machen.“ Sie wirkte sehr ernst. Kommissar Knick packte sofort sein Salamibrötchen in die Tüte zurück. „Ist es so schlimm?“ Er wusste zwar überhaupt noch nicht, worum es eigentlich ging, aber ihm war klar, dass er seinem Patenkind helfen musste. „Was ist denn passiert?“ Wortlos überreichte Charlotte ihrem Onkel einen Umschlag. Kommissar Knick öffnete ihn und hielt die Rechnung einer Jugendherberge in den Händen. „Mmh“, sagte er, ohne zu verstehen, wo das Problem lag. „Ist die Rechnung zu hoch? Oder was ist damit? Ist sie gefälscht?“ Charlotte wurde puterrot und schrie fast: „Das weiß ich doch nicht. Woher soll ich das denn wissen? Alle wollen von mir wissen, ob die Rechnung stimmt. Keine Ahnung. Bin ich ein Rechengenie?“ Sie regte sich richtig auf. „Jedenfalls werde ich den fehlenden Betrag nicht bezahlen. Lieber ziehe ich um und wechsle die Schule.“ „Aha“, brummte Kommissar Knick, „Charlotte, ich möchte dir gerne helfen, aber ich verstehe leider überhaupt nicht, worum es geht. Wieso ‚fehlender Betrag‘? Wofür ist diese Rechnung überhaupt?“

„Also“, Charlotte atmete tief durch, „wir waren doch letzte Woche ein paar Tage mit unserer Klasse auf Klassenfahrt.“ „Schon wieder?“, fragte Kommissar Knick, „Ihr wart doch letztes Jahr schon.“ „Ja, genau. Wir wollten aber unbedingt noch einmal und unsere Klassenlehrerin hat gesagt, dass sie uns nur begleitet, wenn einer von uns sich um die Unterkunft kümmert. Ich habe mich bereit erklärt, schließlich bin ich ja Klassensprecherin. Also habe ich mich bei mehreren Jugendherbergen erkundigt. Während dieser Zeit haben wir mit der Klasse verschiedene Aktionen durchgeführt, um unsere Klassenkasse zu füllen. Am Ende hatten wir 740 €. Ich hatte eine gute Jugendherberge gefunden. Für uns alle, also 28 Schüler für 3 Tage, wollten sie 730,80 € haben. Wir haben fest zugesagt. Einen Tag vor der Abfahrt wurden acht Schüler krank und sagten, sie könnten nicht mitfahren, sie würden aber auf ihren Anteil an dem Geld verzichten und es uns überlassen. So haben wir gedacht, also **ich** habe gedacht, wir verlängern den Aufenthalt um einen Tag. Schließlich hatten wir ja das ganze Geld der acht Schüler übrig.“

„Und ihr habt euch nicht vorher erkundigt, wie teuer das sein würde?“, fragte Kommissar Knick vorsichtig, aber trotzdem sichtlich erstaunt. „Nein, haben wir nicht, also nein, habe ich nicht. Okay, das war nicht richtig von mir. Ich weiß selbst, dass ich das nicht hätte machen sollen. Ich war mir aber sicher, dass wir mit den 740 € auskommen würden. Ich glaube das übrigens immer noch. Und nun verlangen die über 800 €, aber meiner Meinung nach kann das nicht stimmen. Das ist ja auch keine richtige Rechnung, sondern nur der Endbetrag. Das kann nicht mehr als 740 € kosten! Das, was die haben wollen, ist viel zu hoch. Wirklich, das kann nicht stimmen. Eins steht jedenfalls fest: Wir haben nicht genug Geld in der Klassenkasse. Und jetzt soll ich den Rest bezahlen. Du, die spinnen echt. Ich mach das nicht! Da können die lange warten. Ich mach das nicht! Da kannst du aber Gift drauf nehmen! Eher wechsle ich die Schule.“ „Na, so weit wird es ja wohl nicht kommen. Wir gucken uns das jetzt mal in aller Ruhe an“, antwortete Kommissar Knick.

1. Überprüfe die Rechnung der Jugendherberge. Ist der Betrag wirklich zu hoch?

Antwort:

2. Wie teuer wäre ein 7-tägiger Aufenthalt für 35 Schüler?

Antwort:

3. Eine Gruppe von 32 Schülern muss für ihren Aufenthalt den (korrekten) Endbetrag von 1 670,40 € bezahlen. Berechne, wie lange der Aufenthalt dauerte.

Antwort:

4. Charlotte ist natürlich überglücklich, dass sie doch nichts nachbezahlen muss und die Klasse sogar noch Geld zurückbekommt. Zunächst aber muss sie natürlich der Jugendherberge schreiben und sie auf den Fehler in der Rechnung aufmerksam machen. Schreibe diesen Brief.

Das Sofa

Eigentlich stand der Schuldige schon fest. Zeugen hatten einen jungen Mann mit grauer Jacke und schwarzen Jeans aus dem Haus flüchten sehen. Er habe die Straße überquert und sei dann in irgendeinem Hof der gegenüberliegenden Häuser verschwunden. Auf Nimmerwiedersehen, zusammen mit einer winzigen Beute von 450 €. Auch wenn der Betrag nicht sehr hoch war, wurde direkt eine Fahndung herausgegeben. Alle Polizisten der Stadt hielten ihre Augen offen, um im geeigneten Augenblick eine Vollbremsung zu machen und den Schurken mitsamt seiner Beute zu schnappen. Die Stadt war klein, die Täterbeschreibung ausreichend präzise, der Täter unbewaffnet und zu Fuß unterwegs, sodass es recht sicher schien, dass der Fall noch am selben Tag gelöst werden könnte. Und so kam es auch.
Knapp anderthalb Stunden später wurde ein Mann festgenommen, auf den die Täterbeschreibung perfekt passte. Er kam gerade aus einem Elektrogeschäft und hatte sich dort einen teuren DVD-Player für über 400 € gekauft.
Der Fall war eigentlich abgeschlossen – wenn da nicht das fehlende Geständnis des Verdächtigen gewesen wäre.
„Ich war es nicht", beteuerte er immer wieder, „ich war die ganze Zeit zu Hause. Ich habe etwas gelesen, dann ein bisschen geschlafen." „Und woher haben Sie dann so plötzlich die 400 €? Von Ihrem Konto haben Sie das Geld nicht abgehoben; das haben wir bereits überprüft", sagte Kommissar Knick. „Ja, stellen Sie sich vor", antwortete der Mann sofort, „es klingt wie ein Märchen, aber es ist wirklich so. Ich lag also so auf meinem Sofa, dem alten Sofa, das ich von meiner Oma geerbt habe, und las, als sich das Rückenkissen verschob und ich es wieder richtig hinlegen wollte. Und plötzlich sah ich in der Ritze des Sofas Geldscheine. Ja, so war das. Wahrscheinlich hatte meine Oma ihr Erspartes im Sofa versteckt. So war das. Klingt vielleicht wie ein Märchen, aber so war das." Er grinste, er wusste genau, dass Kommissar Knick ihm nicht das Gegenteil beweisen konnte. „Ich bin dann direkt von zu Hause mit dem Taxi zu dem Elektrofachgeschäft gefahren." An den Taxifahrer könne er sich nicht mehr erinnern, wohl aber an den erhöhten Preis: „28,80 €!" Das wusste er noch genau und zeigte die 1,20 € Wechselgeld in seiner Jackentasche. „Dem Halsabschneider wollte ich ja nicht noch ein Trinkgeld dalassen." Die Geschichte war zwar etwas ungewöhnlich, aber sie klang plausibel. Die spontane Angabe zum Preis, das passende Wechselgeld in der Jackentasche … sollte der Mann tatsächlich unschuldig sein?
Kommissar Knick ließ nicht locker und befragte die Taxizentrale. Diese konnte sich aber nicht mehr an den Anrufer erinnern. „Da sind zu viele Anrufe jeden Tag. Aber es kann schon sein. Und 28,80 € scheint auch ein realistischer Preis zu sein für diese Entfernung. Wir berechnen 2,50 € Grundgebühr und nehmen 1,40 € für jeden angefangenen Kilometer. Aber uns Halsabschneider zu nennen … das ist ja eine Unverschämtheit! Allein dafür sollte man ihn in den Knast bringen. Das ist ja Geschäftsschädigung!" Kommissar Knick hörte schon gar nicht mehr zu. Er hatte alles erfahren, was er wissen wollte …

1. Der Verdächtige behauptet, mit dem Taxi gefahren zu sein. Die Fahrt habe 28,80 € gekostet. Von der Taxizentrale hat Kommissar Knick folgende Information erhalten: *„Wir berechnen 2,50 € Grundgebühr und nehmen 1,40 € für jeden angefangenen Kilometer."* Fülle die folgende Tabelle aus. Wie viele Kilometer ist der Mann ungefähr gefahren?

Anzahl der gefahrenen Kilometer	zu zahlender Betrag in €
0	
1	
2	
3	
4	
5	
10	
15	
20	
25	

Antwort: ....

....

2. Berechne nun genau, wie viele Kilometer der Mann gefahren sein muss. Was stellst du fest?

....

....

3. Es sei x die Anzahl der gefahrenen Kilometer. Gib eine allgemeine Formel an, mit der man den zu zahlenden Betrag y (in €) berechnen kann.

4. Trage die Werte der Tabelle von Aufgabe 1 in ein Koordinatensystem ein.

5. Beschreibe noch einmal mit eigenen Worten, wie man beweisen kann, dass der Mann gelogen hat.

6. Was hätte der Mann sagen sollen, um sich nicht zu verraten? Gib drei Beispiele an.

Beispiel 1:

Beispiel 2:

Beispiel 3:

7. Wie hätten die Taxipreise sein müssen, damit der Betrag von 28,80 € theoretisch stimmen könnte? Gib drei verschiedene Möglichkeiten an.

Möglichkeit 1:

Möglichkeit 2:

Möglichkeit 3:

8. Der Mann sitzt noch am selben Abend in Untersuchungshaft. Dort hat er viel Zeit, um über alles nachzudenken. Er trifft dort auch einen anderen Häftling. Er erzählt ihm seine Geschichte und erklärt auch, welchen Fehler er bei seinen Lügen gemacht hat und wie er ihn hätte vermeiden können. Schreibe seine Erzählung.

Also Ekki, das war so:

Der vorgetäuschte Selbstmord

Als Kommissar Knick auf der Streuobstwiese ankam, hing Thomas Schlucker noch an einem dicken Ast einer mächtigen Eiche.

Thomas Schlucker war eine arme Seele. Oder besser: Er war eine arme Seele gewesen. Er war arbeitslos, seine Frau hatte ihn deswegen verlassen und jetzt hatte er auch noch Ärger mit der Stadtverwaltung, da sein kleines Haus auf einer Fläche stand, die die Stadt eigentlich für ein Einkaufszentrum nutzen wollte. Aber Thomas Schlucker hatte sich geweigert, das Angebot der Stadt anzunehmen. Das war auch kein Wunder, denn man hatte ihm angeboten, sein Haus gegen eine kleine dunkle Wohnung im Nachbarort zu tauschen. Und nun hing er da. Sein Körper war leblos, seine Füße baumelten in einer Höhe von 3,00 m leise im Wind, und auf dem Boden lag eine umgeworfene aufgeklappte Stehleiter. Vermutlich hatte Thomas Schlucker die Leiter zunächst aufgestellt (man sah auf dem Boden noch die Abdrücke der beiden Leiterschenkel im Abstand von 2,50 m zueinander), hatte sich dann den Strick um den Hals gelegt und schließlich mit den Füßen die Leiter umgeworfen. Wahrscheinlich Genickbruch, ein schneller Tod … aber irgendetwas störte Kommissar Knick an der Leiter. Die Spurensicherung hatte sie mittlerweile beiseitegeräumt, da sie mit ihren 3,10 m Länge auf beiden Seiten eine genauere Untersuchung der Rasenfläche behinderte. Oft fand man ja direkt am Tatort noch Zigarettenkippen, Fußspuren und dergleichen.

Nun stand sie in voller Länge an einen Baum gelehnt. Sie war aus Leichtmetall und sah sehr mitgenommen aus.

„Hey, Kommissar Knick!", rief Udo, sein Praktikant. Stolz verkündete er seine Entdeckung: „Da sind auch Reifenspuren, aber kein Auto. Vielleicht sind das ja die Reifenspuren des Mörders und es ist ein vorgetäuschter Selbstmord." „Du siehst zu viele Krimis!", entgegnete Kommissar Knick. „Die Indizien sprechen für sich. Alles passt zusammen … In dem Auto war wahrscheinlich nur ein Tourist, der sich verirrt hat und bei diesem Anblick wieder umgekehrt ist … wäre ich wohl auch … Nein, es war eindeutig Selbstmord …"

„… oder doch nicht …", sagte Kommissar Knick nach einer langen, langen Denkpause. Dann maß er noch einmal die Entfernung der Leiterschenkel auf dem Boden, betrachtete den leblosen Körper und die angelehnte Leiter. Zum Schluss lächelte er zufrieden und rief der Spurensicherung zu: „Machen Sie noch Abdrücke von den Reifenspuren. Wir müssen den Mörder noch heute festnehmen." Udo sah ihn sprachlos an. Jetzt verstand er gar nichts mehr.

1. Fertige eine grobe Skizze der Situation an, als die Leiter noch stand (Thomas Schlucker, Leiter). Du brauchst dafür kein Lineal zu benutzen, schreibe aber mit Bleistift in deine Skizzen wichtige Informationen (Längen/Abstände).

2. Zeichne nun die Situation mit den angegebenen Längen. Benutze einen geeigneten Maßstab.

3. Erkläre kurz mit eigenen Worten, wieso es sich nicht um Selbstmord handeln kann.

4. Was hätte der Mörder anders machen müssen, damit der Selbstmord glaubwürdig erschienen wäre? Gib verschiedene Möglichkeiten an.

5. Udo, Kommissar Knicks Praktikant, muss für seine Schule einen Bericht schreiben, in dem er einzelne Tage seines Praktikums genau beschreibt. Vervollständige seinen Bericht.

Montag, den ...

Ich begleitete Kommissar Knick bis zum Tatort, dort ...

Die Erpressung

In der Verwaltungszentrale des Versandhauses *Claro!* war die Hölle los. Ein Hacker hob unbeirrt seit Tagen über das Internet vom Firmenkonto große Geldsummen ab. Plötzlich war das Geld verschwunden. Keiner wusste wohin. Es musste ein wahrer Computerfreak sein, der diese Masche bis ins Detail ausgeklügelt hatte. „Dreist", sagte Kommissar Knick, „aber schlau." Und da Kommissar Knick nicht das allerkleinste bisschen von einem Computerfreak hatte, verspürte er auch ein wenig Bewunderung für den Gauner. Aber hier ging es nicht um Bewunderung, es ging um Gerechtigkeit, Beweise, Indizien, Überführungen. Leider war das in diesem Fall unmöglich, denn es gab nicht die allerkleinste Spur. Der Hacker konnte ja überall in Deutschland wohnen, ja vielleicht auch außerhalb von Deutschland oder sogar außerhalb von Europa. Mit dem Computer war ja alles möglich. Nachdem die Zeitungen immer wieder in ihren Schlagzeilen von dem Fall berichteten, erhielt das Versandhaus anonyme E-Mails; täglich eine und dicht gefolgt von einer weiteren Geldabbuchung.
Die erste E-Mail lautete ganz einfach: „Ich bin's. Ihr werdet mich nie kriegen."
Die zweite E-Mail zeigte, dass der Computerfreak mit dem Versandhaus Katz und Maus spielte. „Ja, ihr kennt mich. Ich bin in eurer Kartei von 50 000 Kunden mit meiner Kundennummer erfasst, aber ihr werdet nie herausfinden, welche Nummer ich habe."
Nach der dritten E-Mail – „Meine Kundennummer ist eine gerade Zahl. Es bleiben euch also nur noch 25 000 Kunden zu überprüfen. Viel Vergnügen!" – wurde Kommissar Knick etwas sauer.
Kommissar Knick wollte den Fall schon aufgeben. Er fühlte sich auf den Arm genommen und das musste er sich bei seiner zwanzigjährigen Karriere nicht bieten lassen.
Aber schließlich kam die vierte E-Mail: „Ich gebe euch noch eine letzte Chance: Verringert man das Fünffache meiner Kundennummer um 13, so erhält man dieselbe Zahl wie das Doppelte meiner Kundennummer erhöht um 40 451. Aber bis ihr das mit allen 25 000 Kundennummern ausprobiert habt, bin ich längst über alle Berge, liege am Strand, esse ein Eis und lache mich tot über euch Idioten!"
Udo, Kommissar Knicks Praktikant, hatte die E-Mail zuerst erhalten und rechnete eifrig los: „Das schaffen wir, Kommissar Knick!", sagte er. „Ich nehme die Zahlen von 2 bis 25 000 und rechne das durch, und Sie übernehmen die Zahlen von 25 002 bis 50 000. Und vergessen Sie nicht: Wir brauchen nur die geraden Zahlen. Los, schnell! Das schaffen wir. Wenn wir uns …" Udo stockte, denn Kommissar Knick hielt ihm einen Zettel mit einer fünfstelligen Zahl hin. „Vergiss es, Udo!", sagte Kommissar Knick gutmütig, „ich habe die Kundennummer schon. Wir schicken sofort einen Streifenwagen hin. Kommst du mit?"

1. Folgende Informationen über den Erpresser liegen Kommissar Knick vor.
- *„Ja, ihr kennt mich. Ich bin in eurer Kartei von 50 000 Kunden mit meiner Kundennummer erfasst, aber ihr werdet nie herausfinden, welche Nummer ich habe."*
- *„Meine Kundennummer ist eine gerade Zahl."*
- *„Ich gebe euch noch eine letzte Chance: Verringert man das Fünffache meiner Kundennummer um 13, so erhält man dieselbe Zahl wie das Doppelte meiner Kundennummer erhöht um 40 451."*

Versucht nun herauszufinden, welche Kundennummer der Betrüger hat.

2. In anderen Filialen stellten sich die Erpresser folgendermaßen vor. Versucht jeweils die Kundennummer herauszufinden.

a) *Addiere ich zum Dreifachen meiner Kundennummer die Zahl 26, so erhalte ich die Hälfte meiner Kundennummer vergrößert um 13 081.*

b) *Addiere ich zu meiner Kundennummer die beiden darauffolgenden Kundennummern, so erhalte ich die Zahl 2 967.*

c) *Addiere ich das Dreifache meiner Kundennummer zum Doppelten meiner Kundennummer, so erhalte ich die Zahl 6 165.*

3. Spiele selbst einen Erpresser und gib deinem Nachbarn eine verschlüsselte Botschaft zu deiner Kundennummer. Tauscht eure Botschaften aus und findet die jeweilige Kundennummer heraus.

Botschaft:

Rechnung (vom Nachbarn auszufüllen):

4. Kommissar Knick schreibt der Firma *Claro!* ebenfalls eine E-Mail – aber natürlich nicht, um die Firma zu erpressen, sondern um ihr mitzuteilen, welche Kundennummer der Erpresser hat. Er erklärt auch, wie man auf die Lösung kommt, falls der Firma so etwas noch einmal passieren sollte.

Die Beute

Endlich saßen die drei Ganoven hinter Gittern. Alex, Bruno und Jo hatten in den letzten sechs Monaten ein Dorf um 30 000 € Bargeld ärmer gemacht. Bargeld – ja, sie überfielen ältere Damen beim Einkaufen und entrissen ihnen ihr Portemonnaie. Sie durchsuchten Wohnungen, und kein Schmuckstück, kein versteckter Geldschein blieb von ihnen unentdeckt. Nicht einmal die Scheine und Münzen in den Spardosen der Kinder. Selbst Kleinbeträge von 7,20 €, die Kinder vielleicht monatelang gespart hatten, blieben nicht verschont. Die Einbrüche verursachten Tränen bei den Erwachsenen und den Kindern.
Gott sei Dank saßen sie nun im Gefängnis, sogar in drei verschiedenen Gefängnissen, da man verhindern wollte, dass sich die drei Häftlinge sahen oder miteinander sprachen. Worüber? Nun, über die Beute, die man dummerweise nicht sicherstellen konnte und die sich noch irgendwo befinden musste.
Kommissar Knick vernahm die drei Verbrecher regelmäßig, aber sie blieben stumm. Sie hofften natürlich, das Geld nach ihrer Freilassung aus dem Versteck holen zu können und dann brüderlich untereinander aufzuteilen.
„Jetzt geben Sie sich doch einen Ruck", sagte Kommissar Knick zu Bruno, der ihm am weichsten erschien, „Sie werden nach der Entlassung aus dem Gefängnis sowieso bis zu Ihrem Lebensende auf Schritt und Tritt überwacht. Sie werden das Geld nie unbeobachtet holen können." Das mit dem „bis zu Ihrem Lebensende" war eine glatte Lüge, aber manchmal musste man als Kommissar eben bluffen. „Nein", erwiderte Bruno, „ich lasse mich nicht weichklopfen. Aber ich gebe Ihnen einen Tipp: Die Beute ist in einer Truhe verbuddelt. Ein vierter Komplize hat das für uns gemacht. Er hat seinen Anteil schon genommen und damit wir keinen Ärger untereinander bekommen, hat er die Truhe an einen Ort gebracht, der von uns dreien, die wir ja in drei unterschiedlichen Gefängnissen untergebracht sind, genau gleich weit entfernt ist. Das ist alles, was ich Ihnen sagen kann. Solche Orte gibt es viele: hier in Deutschland, in Afrika und Amerika. Ich an Ihrer Stelle würde die Suche aufgeben, ansonsten wünsche ich Ihnen viel Spaß beim Buddeln!"
Bruno lachte und zeigte seine schmierigbraunen, verfaulten Zähne.
Kommissar Knick lachte auch: „Wie kann man nur so dämlich sein, mir eine genaue Wegbeschreibung zu geben und es noch nicht einmal zu merken?"

1. In der Zeichnung siehst du die drei Gefängnisse von Jo, Alex und Bruno. Konstruiere die Lage der Beute. Beachte, dass sie von allen drei Gefängnissen gleich weit entfernt sein muss.

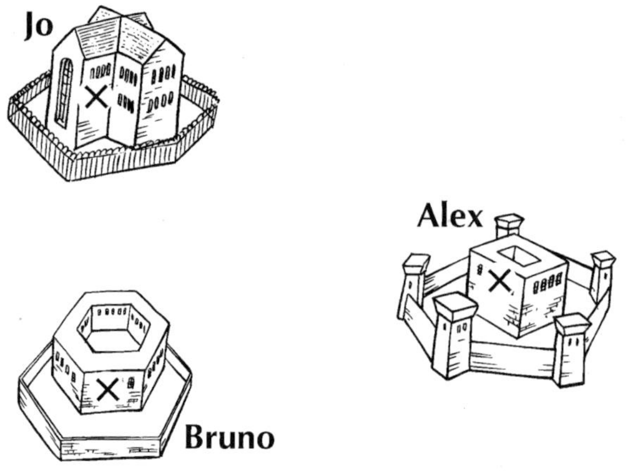

2. Markiere in der obigen Zeichnung andere mögliche Gefängnisse, die ebenfalls gleich weit von der Beute entfernt sind.

3. Überlege: Gibt es für jede Lage der Gefängnisse immer einen Punkt, der von allen drei Gefängnissen gleich weit entfernt ist? Wenn nein, überlege, wie die drei Gefängnisse angeordnet sein müssen, damit so ein Punkt nicht existieren kann.

4. Am Abend schreibt Bruno stolz dem vierten Ganoven:

Hallo Kai,
heute war der dove Komisar Knig bei mia. Du, den hab ich aba schön reingeleekt.
Na logo, der wollte wissen, wo die Bäute verstekkt iss, aba nich mit mia. Ich hab ihm nur gesakt, dass sie von uns drain glaich wait endfernd iss. Haha, da kann er lange suchen. Ansonnst'n hab ich gehschwigen wie ein Grap. Also mach dir mal kaine sorgen.
Bruno

a) Schreibe den Brief von Bruno ab und korrigiere dabei seine schrecklichen Rechtschreibfehler.

b) Kai ist schlauer als Bruno. Er erkennt natürlich gleich den Fehler, den dieser gemacht hat. Wütend schreibt er Bruno einen Brief zurück, in dem er seine Wut über Brunos Blödheit ausdrückt, ihm aber auch erklärt, wie man anhand seiner Beschreibung leicht auf die Lage der Beute kommt.

Selbst schuld!

Es war ein Skandal, den das Dorf Grützen in so einer Weise noch nicht erlebt hatte. Ohne den kleinsten Skrupel war jemand in der Nacht von Donnerstag auf Freitag, also in der Hochzeitsnacht von Herrn und Frau Hellkamp, durch das offen stehende Fenster eingebrochen und hatte die Hochzeitsgeschenke gestohlen. Dabei waren es noch nicht einmal besonders viele oder teure Geschenke. Das Ehepaar Hellkamp war nicht ausgesprochen reich und hatte daher nur eine ganz bescheidene Hochzeit gefeiert: Anstatt einer großen Hochzeitsfeier hatte es nur wenige Verwandte zu einem kleinen Umtrunk eingeladen. Gerne hätten die beiden das ganze Dorf eingeladen, aber dafür reichte nun das Geld wahrlich nicht. Zwei Hochzeitsringe und ein kleiner Umtrunk, das war's.

Ob es sich hier um reine Geldgier oder vielleicht doch um Neid handelte, lag noch im tiefsten Dunkeln. Klar war jedenfalls, dass die Dorfbewohner es dem Ehepaar übel nahmen, dass sie nicht eingeladen worden waren. Geld hin oder her. Wenn man in Grützen heiratet, dann müssen alle eingeladen werden. Das war schon immer so. Und so sollte es auch bleiben. „Selbst schuld …", meinten manche Dorfbewohner sogar und waren daher Kommissar Knick gegenüber alles andere als hilfsbereit. Ganz im Gegenteil. Nur widerwillig wurden Fragen beantwortet, selten hatten die Menschen überhaupt Zeit, mit ihm zu sprechen; meistens waren sie gar nicht anzutreffen.

So war es nicht erstaunlich, dass nach zwei Wochen der Schuldige immer noch nicht gefunden worden war, obwohl dies bei einem Dorf von 250 Einwohnern eigentlich nicht so schwierig sein sollte.

So hatte man anfangs jedenfalls gedacht. Leider ergab die umfangreiche Befragung, dass alle Einwohner stichhaltige Alibis besaßen. Da war die eingeschworene Doppelkopfrunde, der Hausfrauenverein, der Kaninchenzuchtverein, der Stammtisch, … Für Kommissar Knick stand jedoch fest: Alle gaben sich gegenseitig Alibis. Alle hielten zusammen, auch wenn unter ihnen ein Dieb war.

Kommissar Knick wollte die Ermittlungen schon aufgeben, als seine Kollegen von der Spurensuche etwas herausfanden: Der Einbrecher hatte offenbar eine Leiter benutzt, denn im Abstand von 2,87 m zur Hausmauer fanden sich auf dem Boden Abdrücke, die von einer Leiter stammen konnten. Außerdem gab es kleine Kratzer an der Außenwand direkt unterhalb der Fensterbank.

„Nun", dachte sich Kommissar Knick, „das haben wir gleich, so viele Leute mit so langen Leitern – das Fenster befand sich in einer Höhe von 8 m – wird es in dem Dorf wohl nicht geben."

Ein paar Tage und Hausdurchsuchungen später ergab sich folgendes Bild: Zwölf Einwohner besaßen überhaupt Leitern, acht davon aber nur kleine Klappleitern mit einer Höhe von 1,20 m. Dann gab es noch Herrn Jakob mit einer Leiter der Länge 8,50 m, Herrn Gründig mit einer Leiter der Länge 10 m und schließlich Frau Klein: Sie war stolze Besitzerin einer 12 m langen Leiter. Udo, Kommissar Knicks Praktikant, war verzweifelt: „Ich glaube, wir müssen wirklich aufgeben. Es könnte jeder der drei gewesen sein – und jeder hat ein hieb- und stichfestes Alibi: Herr Jakob war an dem Abend beim Naturschutzbund, Frau Klein war auf einer Geburtstagsparty und Herr Gründig beim Seifenkistenbauen. Einer lügt, das ist klar. Ach, Kommissar Knick, Sie werden es nie herausfinden." Aber Kommissar Knick gab die Suche nicht auf. Im Gegenteil, er schnappte sich seinen Taschenrechner und strahlte: „Komm Udo, wir haben ihn …"

1. Fertige eine grobe Skizze des Hauses mit der Leiter an. Sie muss nicht maßstabsgetreu sein. Beschrifte sie jedoch mit Informationen aus dem Text (Längen usw.). Stelle eine Vermutung auf, wer der Schuldige ist.

Vermutung: ....

2. Versuche nun, mithilfe deiner Skizze eine saubere Zeichnung anzufertigen, mit der du dann den Schuldigen bestimmen kannst.

3. Wie du sicher festgestellt hast, löst Kommissar Knick den Fall nicht zeichnerisch, sondern rechnerisch. Schreibe die Rechnung auf.

4. Wie lang hätte der Abstand der Leiter zur Hauswand sein müssen, damit die anderen beiden Leiterbesitzer schuldig gesprochen worden wären?

Leiter 2:

Leiter 3:

5. Wie hoch hätte das Fenster sein müssen, damit die anderen beiden Leiterbesitzer schuldig gesprochen worden wären? Erstelle auch jeweils eine kleine Skizze.

Leiter 2:

Leiter 3:

6. Nachdem Kommissar Knick die schuldige Person festgenommen hat, schickt er dem Ehepaar Hellkamp die gestohlenen Hochzeitsgeschenke zurück. Das Paar ist natürlich überglücklich und schreibt dem Kommissar eine kleine Karte:

Lieber Kommissar Knick,
wir wissen gar nicht, wie wir Ihnen danken sollen. Wir freuen uns so! Sie haben das so toll gemacht. Aber noch eine Frage: Wie sind Sie denn auf die schuldige Person gekommen? Uns ist das nicht so klar. Vielleicht könnten Sie uns das noch erklären?

Vielen Dank noch mal!
Evelyn und Ingo Hellkamp

Natürlich schreibt Kommissar Knick dem Ehepaar zurück. Er veranschaulicht seine Erklärung auch durch Zeichnungen. Schreibe den Brief.

Das Gute im Menschen

„Ob das Gute im Menschen noch existiert? Tja, bisher habe ich immer daran geglaubt, aber jetzt …“, schluchzte die alte Frau. „Wie soll ich auch an das Gute im Menschen glauben, nachdem man mich, eine alte Rentnerin, ausgeraubt hat?“ Kommissar Knick hörte verständnisvoll zu, was Frau Bücker zu erzählen hatte, und nickte mit großem Bedauern. Ja, das Leben war tatsächlich manchmal grausam und ungerecht. Womit hatte diese 85 Jahre alte Dame es verdient, dass man sie überfiel? Natürlich hatte sie unvorsichtig und naiv gehandelt, aber muss das Leben Gutmütigkeit gleich so streng bestrafen? Frau Bücker war seit 15 Jahren Witwe und lebte von einer kleinen Witwenrente. An diesem Tag war sie, wie an jedem Monatsende, zu ihrer Bank gegangen und hatte sich den vollen Betrag ihrer Rente, das waren gerade mal 420 €, auszahlen lassen. Der Weg bis zur Bank war nämlich recht weit und Frau Bücker war nicht mehr so gut zu Fuß. Um den beschwerlichen Weg nicht unnötigerweise mehrmals zu gehen, hob sie deshalb immer gleich den gesamten Betrag ab. Dann ging sie, auch das war zur Gewohnheit geworden, in den Supermarkt und kaufte dort ein Pfund frischen Bohnenkaffee, ein Stück Fleisch, etwas Schokolade und natürlich Kartoffeln, Milch und andere Lebensmittel für den täglichen Bedarf. Schwer bepackt und schon sehr müde verließ sie das Geschäft. Auf dem Nachhauseweg traf sie an diesem Tag einen überaus höflichen, gut angezogenen Mann mit seinem 14-jährigen Sohn. Der Mann bot ihr freundlicherweise an, ihr die Einkaufstaschen bis in die Wohnung zu tragen. „Das Angebot habe ich natürlich gleich angenommen. Ich sage ja: Ich glaube an das Gute im Menschen, also bis vorhin wenigstens. Ich habe mir wirklich nichts dabei gedacht. Schließlich hatte der Mann ja auch noch seinen Sohn dabei. Und richtige Gangsterfamilien gibt es doch nur im Fernsehen. Wir haben uns auch gut unterhalten. Der Sohn hat mir immerzu irgendwelche Rätsel gestellt, die ich aber nicht lösen konnte. Sie waren viel zu schwierig. Der Vater war dann ziemlich sauer und meckerte an seinem Sohn herum. Er sagte … – und stimmt, das wunderte mich ein bisschen, aber ich habe mir nicht wirklich was dabei gedacht. Na ja, hinterher ist man immer klüger.“ „Wieso, was hat der Vater denn gesagt?“ „Nun, er sagte: Hör jetzt auf, nachher findet die Alte – damit meinte er mich, stellen Sie sich das mal vor, Kommissar Knick – noch unsere Identität heraus.“ „Ja, und was waren das für Rätsel?“ „Ach“, entgegnete die alte Dame, „ich habe sie noch hier auf diesem Zettel stehen, den der Junge mir gegeben hat:“

> Papa und ich, wir sind beide Mitglieder in der Stadtbücherei und haben beide einen Ausweis. Jeder Ausweis hat eine neunstellige Ausweisnummer. Papas Nummer ist natürlich größer als meine.
> Die Differenz unserer Ausweisnummern beträgt 340 786 205.
> Addiert man zu meiner Ausweisnummer die dreifache Ausweisnummer von Papa, dann kommt die Zahl 1 524 530 615 heraus.

„Neunstellig!“, sagte Udo, Kommissar Knicks Praktikant, der das Gespräch aufmerksam verfolgt hatte. „Das sind ja 900 verschiedene Zahlen, ne, 9 000, ne, wie viele eigentlich, Kommissar Knick? Die sollen wir alle überprüfen? Da sind wir ja noch nächstes Jahr dabei.“ Aber Kommissar Knick lächelte nur mitleidig. „Ach Udo, das ist doch 'ne Sache von zwei Minuten, wähl schon mal die Nummer der Stadtbücherei, ich gebe dann sofort die Ausweisnummern durch.“

1. Udo ist sich nicht sicher, wie viele neunstellige Zahlen es überhaupt gibt: *„Das sind ja 900 verschiedene Zahlen, ne, 9 000, ne, wie viele eigentlich, Kommissar Knick?"* Dazu eine kleine Vorübung:

a) Wie viele zweistellige Zahlen gibt es?

b) Wie viele dreistellige Zahlen gibt es?

c) Gib nun an, wie viele neunstellige Zahlen es gibt. Hat Udo mit seinen Vermutungen recht?

2. Hier noch einmal die wichtigsten Informationen, die der Junge in seinem Rätsel angibt:
„Jeder Ausweis hat eine neunstellige Ausweisnummer. Papas Nummer ist natürlich größer als meine.
Die Differenz unserer Ausweisnummern beträgt 340 786 205.
Addiert man zu meiner Ausweisnummer die dreifache Ausweisnummer von Papa, dann kommt die Zahl 1 524 530 615 heraus."
Ermittle die beiden Ausweisnummern.

3. Auf einem anderen Rätselzettel des Jungen steht:

Papa und ich, wir sind beide Mitglied im DVD-Verleih. Addierst du meine Mitgliedsnummer zu der von Papa, so erhältst du 682. Subtrahierst du aber Papas Nummer von meiner und multiplizierst das Ergebnis mit 4, so erhältst du genau 1000.

Berechne die beiden Nummern.

4. Erstelle selbst ein Zahlenrätsel. Lasse es dann von deinem Nachbarn lösen.

Zahlenrätsel:

Rechnung und Lösung (Platz für den Nachbarn):

5. Nachdem die alte Frau ihr Geld zurückerhalten hat, schreibt sie Kommissar Knick einen Dankesbrief.

Lieber Kommissar Knick,
vielen, vielen Dank für Ihre Hilfe. Ich bin überglücklich, dass ich mein Geld wiederhabe. Ich wünsche Ihnen noch weiterhin viel Spaß und Erfolg bei Ihrer Arbeit!

Ihre Maria Bücker

P.S.: Könnten Sie mir eventuell in einfachen Worten erklären, wie man die beiden Ausweisnummern herausbekommen konnte?

Natürlich antwortet Kommissar Knick der alten Dame. Schreibe den Brief.

Spiegeleier

Es war wie verhext. Nun geschah schon der dritte Wohnungseinbruch in Folge und die Polizei hatte bisher nicht den allerkleinsten Erfolg bei der Aufklärung zu verzeichnen.

Nicht den allerkleinsten Erfolg? Nein, das stimmte so nicht ganz. Eigentlich hatte die Polizei sogar schon einen Verdächtigen, aber es fehlten Beweisstücke und ohne diese konnte man den gerissenen Gauner – so nannte ihn jedenfalls Kommissar Knick – nicht in Untersuchungshaft bringen.

Aber beginnen wir bei den Einbrüchen. Diese waren ganz einfache Einbrüche bei Nacht: Alles geschah völlig lautlos, ohne Gewalt, während die Eigentümer friedlich in ihren Betten schliefen. Entwendet wurde immer nur eine Objektart: Ringe aus Gold oder Silber. Nichts anderes. Kein Geld, keine Diamanten, keine Computer oder dergleichen, nur Ringe. Oft wurde der Einbruch erst Tage später bemerkt, da der Einbrecher nichts in der Wohnung durcheinanderbrachte. Der letzte Einbruch dieser Art fand bei Familie Geron statt.

Herr und Frau Geron waren verheiratet und Frau Geron trug ihren goldenen Hochzeitsring auch nachts. Herr Geron nahm ihn jedoch abends immer ab. Das Metall war 2 mm dick und 4 mm breit. Die genauen Werte waren bekannt, weil es eine Sonderanfertigung war, da Herr Geron für einen Mann extrem schlanke Finger besaß. Der Ring hatte einen inneren Durchmesser von 2 cm und sah schlicht, aber auch sehr elegant aus. Aber nun war er leider verschwunden.

Der Verdächtige, ein Schuhverkäufer namens Egon Herzlich, hatte für keinen der Einbrüche ein Alibi, aber das war natürlich noch lange kein Beweis für den Oberstaatsanwalt. Verdächtig war eigentlich nur sein Verhalten am Arbeitsplatz gewesen. Sein Vorgesetzter, Herr Turm, rief eines Tages bei Kommissar Knick an und sprach von einem Mitarbeiter, über den sich in letzter Zeit zahlreiche Kunden beschwert hatten. Er sei sehr indiskret gewesen und habe sie nach ihrem Familienstand gefragt. Besonders interessierte er sich dann für verheiratete Kunden und fragte sie nach ihren Eheringen. In einem Gespräch mit Herrn Turm stritt Herr Herzlich jedoch all dies kategorisch ab, und Herr Turm ließ die Sache schließlich auf sich beruhen. Daraufhin führte die Polizei trotzdem eine Hausdurchsuchung bei Herrn Herzlich durch, die aber nichts Auffälliges ergab: eine unglaubliche Anzahl von ungetragenen Schuhen, die er, wie er sagte, kostenlos als Probeexemplare von seinem Chef geschenkt bekommen hatte, ein Messerblock mit zehn sehr scharfen Messern – aber es war ja in diesem Fall niemand erstochen worden – und eine beeindruckende Sammlung von klitzekleinen silbernen und goldenen quadratischen Pyramiden verschiedener Größen. Aber es waren ja keine Pyramiden gestohlen worden, sondern Ringe. „Eine schöne Sammlung haben Sie da!", sagte Kommissar Knick. „Ja", antwortete Egon Herzlich, „ich habe schon mehr als 20 Pyramiden. Ich habe sie alle katalogisiert!" Und er hielt Kommissar Knick eine Liste mit Zahlen vor die Nase. „Ich möchte daraus ein Schachspiel herstellen." „Und wie wollen Sie erkennen, welche Pyramide dann welche Schachfigur ist? Wie soll ich denn den Läufer von der Dame unterscheiden?", fragte Kommissar Knick interessiert zurück. „Nun, das ist ganz einfach. Man erkennt es an den Maßen. Die Figuren haben – ach hier steht es …", er hielt Kommissar Knick nochmals die Liste hin:

	Kantenlänge der quadratischen Grundseite	Höhe der Pyramide	Anzahl der schon fertigen goldenen Figuren	Anzahl der schon fertigen silbernen Figuren
Pferd	1,5 cm	1,7 cm	1	0
Läufer	1,3 cm	2,2 cm	0	1
Dame	1,5 cm	2,5 cm	2	0
König	2 cm	2,5 cm	1	0
Turm	1,3 cm	1 cm	1	0
Bauer	1 cm	1 cm	0	3

„Die Figuren besitzen unterschiedlich große Grundflächen und Höhen. Die Werte sind nicht ganz exakt, etwas gerundet halt, aber das macht nichts. Das Wesentliche stimmt jedenfalls. Die Dame und der König sind zum Beispiel am größten, ist ja logisch. Die Dame hat eine kleinere Grundfläche als der König. Die Bauern haben die kleinste Grundfläche und die kleinste Höhe. Man muss sich die Pyramiden natürlich genau angucken und ihre Formen einprägen, aber das ist ja gerade das Besondere. Wie Sie sehen, fehlen mir noch viele Figuren, meine Sammlung ist noch nicht vollständig. Ich habe noch viel Arbeit." Seine Augen verloren sich in einem unsichtbaren Traum. Kommissar Knick betrachtete höflich die Liste, erwischte sich aber selbst dabei, dass auch er anfing zu träumen, und zwar von seinem Feierabend. Ja, in Ruhe mal wieder Schach zu spielen, das wäre schön …
Am Abend kehrte Kommissar Knick wie so oft deprimiert nach Hause zurück: Die Ermittlungen schienen nicht voranzuschreiten. Zum Abendessen gab es daher auch nur ein Spiegelei und ein Stück Brot. Während er der Margarine zusah, wie sie in der Pfanne schmolz und ihre Form veränderte, kam ihm plötzlich ein genialer Gedanke, wie er durch ein weiteres Indiz den Gauner überführen könnte …

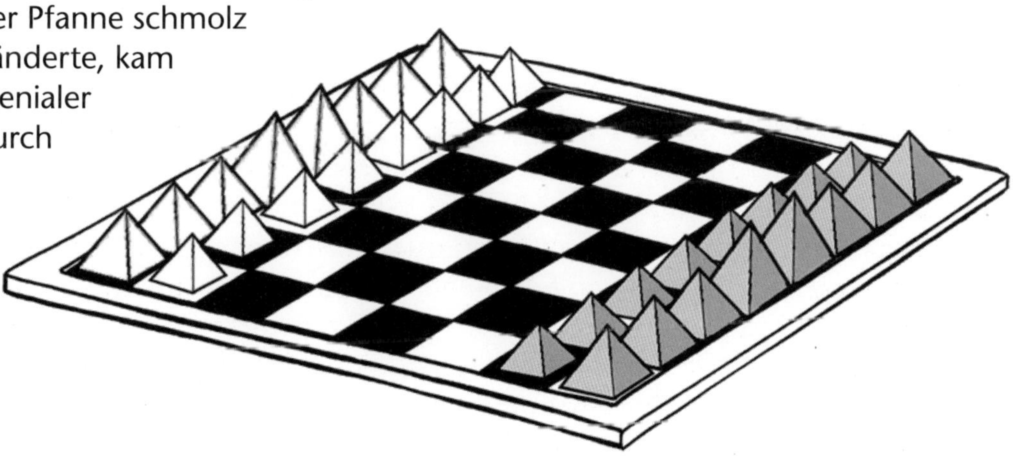

1. Kommissar Knick hat, während er der Margarine beim Schmelzen zusieht, einen genialen Gedanken. Welcher könnte das sein?

Antwort:

2. Was ist aus dem Ehering von Herrn Geron geworden? Beweise deine Vermutung durch eine ausführliche Rechnung.

Antwort:

3. Wie breit hätte der Ring sein müssen, damit der Ring ein König hätte werden können?

Antwort:

4. Wie hoch dürfte der König nur sein, damit der Hochzeitsring doch ausreichen würde?

Antwort: ....

....

5. Gib andere Körper (genaue Maße) an, in die man den Ring noch hätte verwandeln können.

6. Schreibe eine Anleitung zur Herstellung der Schachfiguren, in der du in allgemeiner Art beschreibst, wie man die Maße der Pyramiden berechnen kann.

....

....

....

....

....

....

....

....

....

Fahrerflucht

Kommissar Knick und sein Praktikant Udo waren entsetzt. Ein sechsjähriges Mädchen war von einem Auto angefahren und schwer verletzt worden! An der Unfallstelle befand sich bereits eine große Menschenmenge. Alles redete durcheinander. „Wahrscheinlich wieder so ein Raser, der sich grundsätzlich nicht an Geschwindigkeitsbegrenzungen hält." Ein roter Jaguar stand abseits. Darin saß ein circa 40-jähriger Mann im Anzug und rauchte gelassen eine Zigarette. Ein Polizeibeamter erklärte dem Kommissar, dass dieser Mann das Kind überfahren hatte. Nachdem er zunächst Fahrerflucht begangen hatte, wurde er von der Polizei nicht weit von der Unfallstelle gefasst. Nun gab er alles zu. Allerdings behauptete er, dass er keinerlei Schuld trage, da er sich an die Geschwindigkeitsbegrenzung von 30 km/h gehalten habe. Er sei genau 29 km/h gefahren, behauptete er. Schuld sei allein das Kind, das plötzlich ohne zu schauen über die Straße gelaufen sei. Eine kühne Behauptung. „Na, das haben wir gleich", sagte Kommissar Knick zu Udo. „Wie wollen wir das denn herausfinden?", fragte Udo und fügte freudestrahlend hinzu: „Ach, vielleicht ist hier ja zufälligerweise eine Radarfalle, die das Ganze aufgenommen hat. Das wäre ja dann ein unschlagbarer Beweis." Aber nach kurzer erfolgloser Suche gaben die beiden diese Idee auf. Kommissar Knick ließ den Mut jedoch nicht sinken. „Wie gut, dass ich mich in dieser Sache etwas auskenne. Wenn der Mann tatsächlich die Wahrheit gesagt hat, dann müsste man dies am Bremsweg überprüfen können. Und den kann ich ja anhand der Bremsspur auf der Straße abmessen." Zum Glück kannte der Kommissar die Formel, mit der man bei gegebener Geschwindigkeit den Bremsweg berechnen kann. Und die geht so: Man dividiert die Maßzahl x der Geschwindigkeit (in km/h) durch 10 und quadriert dieses Ergebnis. Dann erhält man die Maßzahl des Bremsweges (in m).

Kommissar Knick notierte sich sofort die Gleichung. „Mmmh ist gleich mmmh."

Anhand der Gleichung war es nun kinderleicht, die Länge des Bremswegs des Jaguars zu berechnen. „Mmh, das haben wir gleich." Der Kommissar tippte die Daten in seinen Taschenrechner. Das Ergebnis erschien auf dem Display. „Ja, dann wollen wir das mal überprüfen. Komm, Udo!"

Kommissar Knick und Udo gingen zur Unfallstelle zurück und Udo maß die Bremsspur. Sie betrug 29,254 m. Ihre Gesichter leuchteten auf. Ein eindeutiger Beweis: Der Mann hatte gelogen. Er konnte unmöglich 29 km/h gefahren sein. Er war schneller gefahren!

Kommissar Knick war aber noch nicht zufrieden: „Das ist mir nicht genau genug! Wie schnell ist der Raser denn nun wirklich gefahren?" „Das ist doch jetzt egal!", erwiderte Udo, „Hauptsache, er ist zu schnell gefahren. Er ist somit schuldig. Fahrlässige schwere Körperverletzung und Fahrerflucht. Das gibt was." Aber Kommissar Knick war ein gründlicher Mann. Ungenaue Abschätzungen mochte er gar nicht. Auch in seinem Bericht würde die genaue Geschwindigkeit einen besseren Eindruck hinterlassen. Er überlegte hin und her und schrieb sich die Formel zur Berechnung des Bremsweges noch einmal auf. „Verflixt noch mal! Wie kann man nur aus dieser Gleichung umgekehrt bei gegebenem Bremsweg die Geschwindigkeit berechnen?" Er hatte eine lange Nacht vor sich. Um 2.56 Uhr kam ihm plötzlich die Idee. In Windeseile kritzelte er ein paar Zeilen unter die Gleichung, tippte einige Zahlen in seinen Taschenrechner und strahlte: „Ich hab's. Die exakte Geschwindigkeit lautet …"

1. *Zum Glück kannte der Kommissar die Formel, mit der man bei gegebener Geschwindigkeit den Bremsweg berechnen kann. Und die geht so: Man dividiert die Maßzahl x der Geschwindigkeit (in km/h) durch 10 und quadriert dieses Ergebnis. Dann erhält man die Maßzahl des Bremsweges (in m).*
Schreibe diese Formel als mathematische Gleichung (Funktionsgleichung der Funktion f) auf.

2. *Udo maß die Bremsspur. Sie betrug 29,254 m.*
Wie kann man nun mit der obigen Formel beweisen, dass der Fahrer nicht 29 km/h gefahren sein kann?

3. Zeichne den Funktionsgraphen (f: Geschwindigkeit → Bremsspur) in ein Koordinatensystem. Lies dann für die abgemessene Bremsspur die dazugehörige Geschwindigkeit ab.

4. Berechne nun mithilfe der Formel umgekehrt bei dem gegebenen Bremsweg die Geschwindigkeit des Jaguars.

5. Gib eine allgemeine Formel an, mit der man bei gegebenem Bremsweg die dazugehörige Geschwindigkeit berechnen kann. Schreibe auch eine Funktionsgleichung auf.

Funktion: g(x) = ...

6. Zeichne zur ermittelten Funktion g (Bremsweg → Geschwindigkeit) aus Aufgabe 5 den passenden Funktionsgraphen.

7. Zeichne in das Koordinatensystem von Aufgabe 6 auch den Funktionsgraphen von f. Wie gehen die Graphen auseinander hervor?

8. Praktikant Udo muss für seine Praktikumsmappe einen Tagesbericht schreiben. Schreibe diesen Bericht, indem du die mathematische Vorgehensweise von Kommissar Knick mit eigenen Worten beschreibst.

Charlotte zieht aus

Es war Sonntagabend. Kommissar Knick saß vor dem Fernseher und schaute sich seine Lieblingssendung an: Tatort. Heute war es besonders spannend, umso mehr ärgerte er sich, als es plötzlich klingelte. Mürrisch bediente er die Türsprechanlage: „Ja, bitte?“ „Ich bin’s, Onkel Klaus, Charlotte. Mach schnell auf, ich kann meinen Koffer kaum noch tragen.“ Koffer? Sollte Charlotte, Kommissar Knicks Patenkind, in den Urlaub fahren wollen? Sonntagabend um 21.00 Uhr? Sehr unwahrscheinlich. Kommissar Knick drückte auf den automatischen Türöffner und wenig später stand Charlotte in seinem Wohnzimmer. „Boa, ist der schwer! Wo soll ich den fürs Erste hinstellen?“ „Fürs Erste hinstellen? Charlotte, was meinst du damit? Was ist los?“ Charlotte schaute ihn entgeistert an: „Ja, hast du denn meine Nachricht auf deinem Anrufbeantworter nicht abgehört? Soll das heißen, du weißt von gar nichts?“ Kommissar Knick sah ratlos aus. „Ja, Charlotte, tut mir leid. Ich habe ihn heute nicht abgehört, aber das holen wir gleich nach!“ Kommissar Knick ging zu seinem Anrufbeantworter und spielte die Nachricht ab. „Hallo Onkel Klaus, hier ist Charlotte. Ich wollte nur sagen, ich zieh von zu Hause aus. Mama und Papa wollen nicht, dass ich Millionärin werde. Ich aber. Kann ich bei dir wohnen? Wenn’s nicht geht, ruf schnell zurück, ansonsten komme ich dann heute Abend mit meinen Klamotten. Tschüs!“ Kommissar Knick war sprachlos. „Ausziehen? Du bist ausgezogen, Charlotte? Weil deine Eltern nicht wollen, dass du Millionärin wirst? Wovon redest du? Hast du im Lotto gewonnen?“ „Ach Onkel Klaus, das ist alles so kompliziert, aber jetzt wird alles gut. Ich werde jetzt erst mal Millionärin und dann wird alles gut. Vielleicht ziehe ich danach auch wieder zurück zu Mama und Papa. Übrigens, wenn du willst, kannst du auch mitmachen, dann wärst du auch Millionär und wir könnten zusammen nach Hawaii fliegen oder so.“ „Charlotte, ich glaube, das hilft alles nichts. Ich verstehe kein Wort. Erzähle mir doch bitte genau, was los ist.“

„Okay, aber erst brauche ich eine Apfelsaftschorle und ein paar Pistazien.“

Kommissar Knick besorgte beides in Windeseile und hörte dann gespannt zu, was Charlotte zu berichten hatte.

„Also, du kennst doch diese Kettenbriefe von früher, wo man so Postkarten an andere Leute in einer Liste schreiben musste. Meistens hat das ja nicht funktioniert, weil die Leute irgendwann nicht mehr mitgemacht haben, weil das ja auch nicht wirklich spannend ist, eine Postkarte zu bekommen. Jetzt aber geht es um Geld. Um echt viel Geld.“ „Mmh“, brummte Kommissar Knick. Kettenbriefen traute er kein bisschen, aber er ließ Charlotte erst mal ausreden und versuchte, seine Skepsis zu verbergen. „Hier ist der Brief“, sagte Charlotte und zeigte ihm ein kopiertes Schreiben.

Liebe Charlotte,
dies ist kein gewöhnlicher Kettenbrief. Mit diesem Kettenbrief wirst du innerhalb weniger Wochen reich. Die Sache ist ganz sicher, denn so wie du wollen alle, dass der Kettenbrief weitergeht.
Du erinnerst dich bestimmt noch daran, wie das geht:
Unten steht eine Liste mit vier Namen. Schicke nun an die Person mit der Nummer 1 in der nächsten Woche einen 50-€-Schein. Schreibe danach an vier Freunde, die mitmachen wollen, jeweils diesen Brief (einfach abschreiben). Dabei streichst du die Nummer 1. Die Nummer 2 wird zur Nummer 1 usw. Du schreibst dich selbst dann an die 4. Stelle. In den nächsten Wochen rutscht dein Name dann immer weiter nach oben. Du kennst das bestimmt noch von früher. Am Ende bist du die Nummer 1 und bekommst von ziemlich vielen Leuten einen 50-€-Schein!
Super, oder?!
Mach bitte mit!

Deine Pia

1. Anja Furt, Bahnhofstr. 33, 34322 Jahnberg
2. Frank Kalk, Hahnweg 2, 34322 Jahnberg
3. Eva Goldbach, Am Weinberg 4, 67549 Tolten
4. Pia Goldbach, Am Weinberg 4, 67549 Tolten

„So, das ist doch wohl eine bombensichere Sache. Ich werde ja wohl noch vier Leute finden, die da mitmachen, und du kannst dir leicht ausrechnen, wie viel Geld ich am Ende bekomme, ja? Das ist eine ganz einfache Rechnung, kein Betrug, kein Risiko. Jeder, der da mitmacht, wird sich ernsthaft bemühen, Leute zu finden, die auch ernsthaft mitmachen, nicht wie bei den dämlichen Postkarten. So, und wenn alle ernsthaft mitmachen, kriegen am Ende alle ihr Geld. Das ist ganz einfach, ganz logisch. So, und ich möchte da mitmachen und mein Taschengeld dafür benutzen und Mama und Papa wollen mir das verbieten. Sie sagen, das wäre Quatsch, Kettenbriefe wären immer nur Quatsch. Die haben keine Ahnung. Die haben sich das noch nicht einmal durchgelesen und wollen es mir schon verbieten. Vielleicht sind sie auch nur neidisch und wollen nicht, dass ihre Tochter reicher ist als sie selbst. Ich weiß es nicht, ich weiß nur eins: Ich mach da mit. Oder was meinst du, Onkel Klaus?"
Kommissar Knick sah Charlotte nachdenklich an, dann sagte er: „Komm Charlotte, wir machen mal ein paar Rechnungen zusammen. Danach sage ich dir, was ich davon halte …"

1. In dem Brief steht: *Am Ende bist du die Nummer 1 und bekommst von ziemlich vielen Leuten einen 50-€-Schein.*
   Wie viele Leute sind das?

Antwort: ....

2. Wie viel Geld wird Charlotte dann erhalten? Wird sie tatsächlich Millionärin?

Antwort: ....

3. Die Briefeschreiber sollen „in der nächsten Woche" den Brief weiterreichen.
   Nehmen wir an, der Brief wird tatsächlich jede Woche einmal weitergeschickt.
   Wie viele Menschen haben dann nach 12 Wochen Briefe geschrieben bzw. einen Brief erhalten?
   Ergänze dazu die folgende Tabelle.

Zeit	**Anzahl der Schreiber**	**Anzahl der Empfänger**	**Zeit**	**Anzahl der Schreiber**	**Anzahl der Empfänger**
Woche 1	1	4	**Woche 7**		
Woche 2	4	16	**Woche 8**		
Woche 3			**Woche 9**		
Woche 4			**Woche 10**		
Woche 5			**Woche 11**		
Woche 6			**Woche 12**		

4. Gehen wir davon aus, dass keine Person doppelt mitmacht. Wie viele Personen haben dann insgesamt nach zwölf Wochen an dem Kettenbrief teilgenommen?

Antwort: ....

5. Was sollte Kommissar Knick Charlotte raten? Begründe.

....

....

6.
a) Gib die Funktionsgleichung f an.
f: Anzahl der Wochen x → Anzahl der Briefeschreiber y

....

b) Gib die Funktionsgleichung g an.
g: Anzahl der Wochen x → Anzahl der Briefempfänger y

....

7. Zeichne die Graphen von g und f in dasselbe Koordinatensystem für $1 \leq x \leq 5$.

8. Zur Auswahl:
a) Charlotte schreibt Pia einen Brief, in dem sie ihr erklärt, warum sie nun doch nicht mitmachen will. Schreibe diesen Brief.
b) Charlotte schreibt für die Schülerzeitung einen Artikel, um ihre Mitschüler zu warnen, an diesem Kettenbrief nicht teilzunehmen. Sie erklärt auch genau den „Haken an der Sache". Schreibe den Artikel.

Lösungen

Die Explosion (S. 6–9)

Hinweis: Brief von Crazy und Liste des Polizisten eventuell kopieren und als „Realobjekt" mit in den Unterricht nehmen, falls der Text den Schülern nicht in Kopie zur Verfügung gestellt wird.

1. Hausnummern: 7, 13, 25, 49, 97
   Vorschrift: $\xrightarrow{\cdot 2}$ $\xrightarrow{-1}$ oder Vorschrift: $\xrightarrow{+6}$ $\xrightarrow{+12}$ $\xrightarrow{+24}$ …
2. 97 · 2 = 194; 194 – 1 = 193
   Antwort: Nein, er muss nicht ausziehen, denn sein Haus wird nicht explodieren.
3. a) …, 40, 80, 160 Vorschrift: $\xrightarrow{\cdot 2}$
   b) …, 23, 30, 37 Vorschrift: $\xrightarrow{+7}$
   c) …, 21, 42, 41 Vorschrift: $\xrightarrow{-1}$ $\xrightarrow{\cdot 2}$
   d) …, 375, 1 875, 9 375 Vorschrift: $\xrightarrow{\cdot 5}$
   e) …, 12, 17, 23 Vorschrift: $\xrightarrow{+1}$ $\xrightarrow{+2}$ $\xrightarrow{+3}$ …
4. Individuelle Schülerantworten
5. a) 5, 10, …
   b) 2, 4, 8, 16, …
   c) 1, 3, 7, …
   Die Häuser 6, 11, 12, und 14 bleiben stehen; alle anderen explodieren.
6. Individuelle Schülerantworten

Der Betrug (S. 10–14)

1./2.

	Preis pro Stück in €	Einzahlung laut Sparbuch in €	Anzahl der verkauften Stücke
Fensterbilder	5	122	nicht zu bestimmen
Anhänger	2	321	nicht zu bestimmen
Postkarten	3	133	nicht zu bestimmen
Mobiles	4	441	nicht zu bestimmen

3. Man kann die Beträge der Einzahlungen nicht durch die zugehörigen Preise teilen. Man erhält immer einen Rest. Beispiel: 122 € : 5 = 24 € Rest 2. Die Beträge können daher nicht stimmen.
4. Individuelle Schülerantworten. Der Betrag muss immer ohne Rest durch den Preis des jeweiligen Objektes teilbar sein.
   Allgemeine Erklärung: Die Beträge der Einzahlungen müssen immer ohne Rest durch die zugehörigen Preise teilbar sein.
5. Fensterbilder: 10 €, 35 €, 120 €, 330 €, 700 €, 1 000 €
   Anhänger: 8 €, 22 €, 48 €, 460 €, 24 568 €,
   Postkarten: 63 €, 123 €, 234 €, 474 €, 1 035 €
   Mobiles: 48 €, 140 €, 220 €, 3 224 €, 7 000 €
6. Individuelle Schülerantworten
7. Individuelle Schülerantworten

Das Jubiläum (S. 15–17)

1./2. Hinweis: Wegen Platzmangels eventuell Kreuze durch Punkte ersetzen lassen.
Türen mit genau zwei Kreuzen: 2, 3, 5, 7, 11, 13, 17, 19, 23, 29, 31, 37, 41, 43, 47, 53, 59, 61, 67, 71, 73, 79, 83, 89, 97

3. Hans-Martin Geiger sollte sich entweder die Tür 83 oder die Tür 89 aussuchen.
4. W = Wärter

Zelle	ja/nein	Begründung
202	nein	Tür bekommt mindestens drei Kreuze: von W 1, W 202 und z. B. W 2.
204	nein	Tür bekommt mindestens drei Kreuze: von W 1, W 204 und z. B. W 2.
255	nein	Tür bekommt mindestens drei Kreuze: von W 1, W 255 und z. B. W 5.

261	nein	Tür bekommt mindestens drei Kreuze: von W 1, W 261 und z. B. W 3.
263	ja	Tür bekommt nur zwei Kreuze: von W 1 und W 263.
270	nein	Tür bekommt mindestens drei Kreuze: von W 1, W 270 und z. B. W 2.
272	nein	Tür bekommt mindestens drei Kreuze: von W 1, W 272 und z. B. W 2.
285	nein	Tür bekommt mindestens drei Kreuze: von W 1, W 285 und z. B. W 5.
291	nein	Tür bekommt mindestens drei Kreuze: von W 1, W 291 und z. B. W 3.

5. Individuelle Schülerantworten, dabei als Lösungstüren: 107, 109 oder 113.

Die Revolution (S. 18–20)

1.

Angebot 1: $\frac{1}{4}$

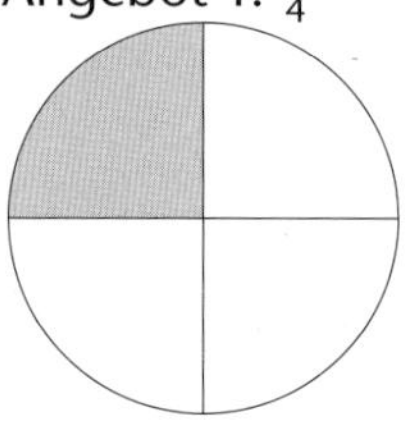

Angebot 2: $\frac{2}{8}$

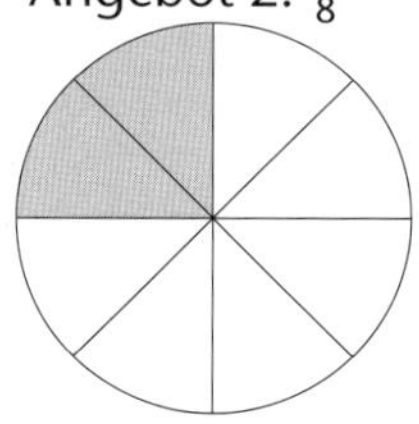

Angebot 3: $\frac{3}{12}$

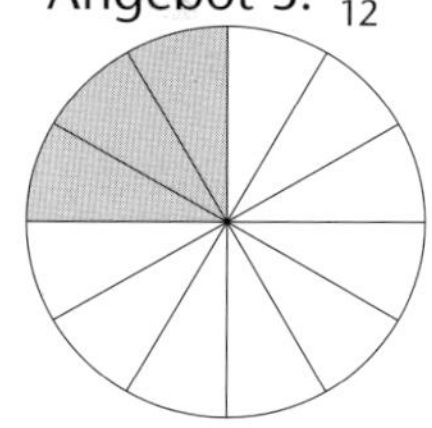

2. Es gibt unendlich viele Möglichkeiten, z. B. $\frac{4}{16}$, $\frac{5}{20}$, $\frac{6}{24}$
3. Es gibt unendlich viele Möglichkeiten, z. B.

Angebot 1: $\frac{2}{6}$

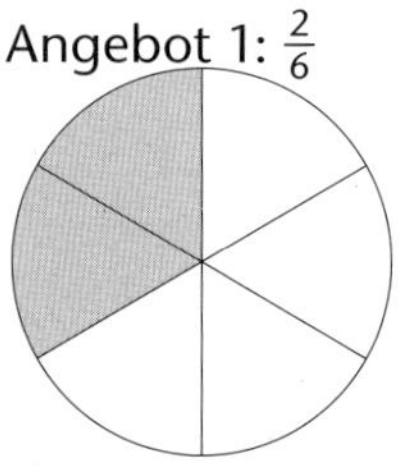

Angebot 2: $\frac{3}{9}$

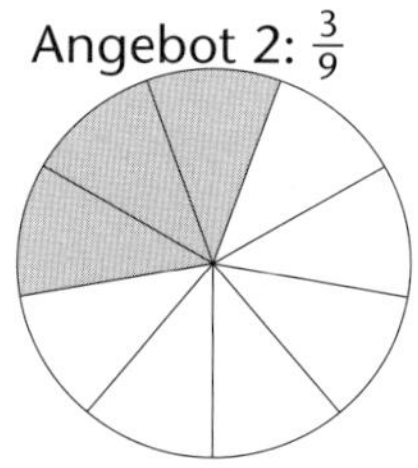

Angebot 3: $\frac{4}{12}$

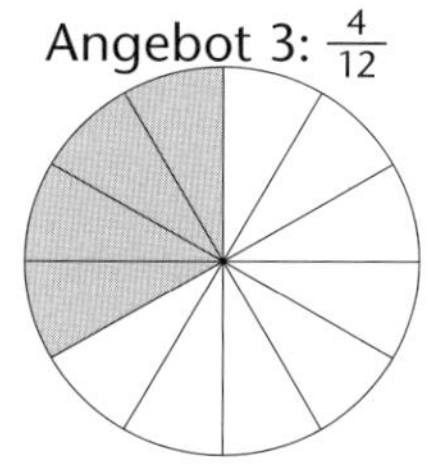

4. Wenn man den Zähler und den Nenner mit derselben natürlichen Zahl multipliziert, ändert sich der Wert des Bruches nicht.
5. Individuelle Schülerantworten

Hühnerkacke (S. 21–25)

1.

2. Zum Beispiel:

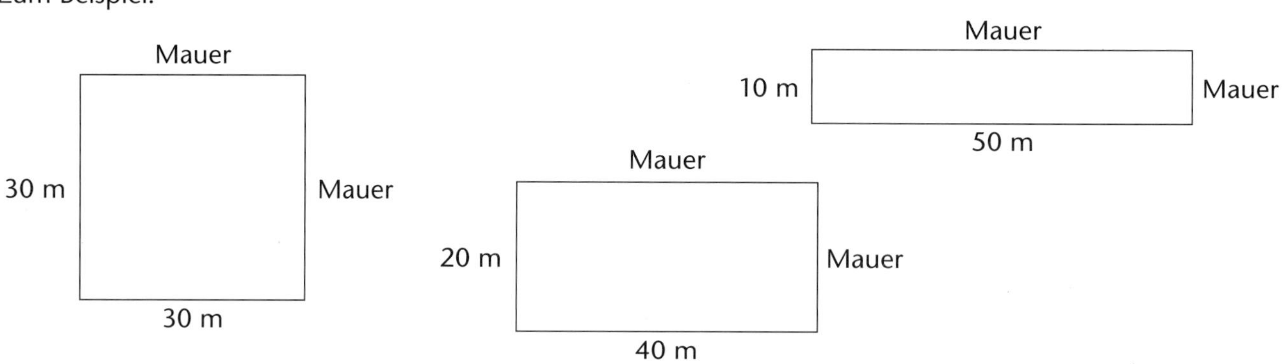

3. Zum Beispiel:
   Möglichkeit 1: A = 30 m · 30 m = 900 m²
   Möglichkeit 2: A = 40 m · 20 m = 800 m²
   Möglichkeit 3: A = 10 m · 50 m = 500 m²
   Antwort: Nein, es sind immer weniger als 1 600 m².

4. Der Flächeninhalt ist am größten, wenn die Länge und die Breite jeweils 30 m betragen, wenn es sich also um ein Quadrat handelt.
   In diesem Fall ist A = 30 m · 30 m = 900 m².
5. Die Bäuerin hat nicht recht, denn sie kann mit dem Maschendrahtzaun höchstens 900 m² umzäunen. Das ist nur etwas mehr als die Hälfte der geforderten 1 600 m².
6. Zum Beispiel:
   Möglichkeit 1: 1 600 m² = 16 m · 100 m, also benötigter Zaun: 16 m + 100 m = 116 m
   Möglichkeit 2: 1 600 m² = 2 m · 800 m, also benötigter Zaun: 2 m + 800 m = 802 m
   Möglichkeit 3: 1 600 m² = 40 m · 40 m, also benötigter Zaun: 40 m + 40 m = 80 m
7. Der Maschendrahtzaun müsste mindestens 160 m lang sein. Man könnte dann einen quadratischen Stall bauen. Die Seitenlänge würde 40 m betragen.
   A = 1 600 m² = 40 m · 40 m, also u = 4 · 40 m = 160 m
8. Individuelle Schülerantworten

Die Klassenfahrt (S. 26–28)

1.

Anzahl der Schüler	Anzahl der Tage	zu zahlender Betrag in €
28	3	730,80) :28
:28 → 1	3):3	26,10):3
1	1	8,70
1	4) ·4	34,80) ·4
·20 → 20	4	696,00) ·20

Antwort: Ja, der Betrag ist wirklich zu hoch. Der korrekte Betrag lautet 696,00 €. Charlotte muss also nichts nachbezahlen.

2.

Anzahl der Schüler	Anzahl der Tage	zu zahlender Betrag in €
1	1) ·7	8,70) ·7
·35 1	7	60,90
35	7	2 131,50) ·35

Antwort: Ein solcher Aufenthalt würde 2 131,50 € kosten.

3. 1 670,40 € : 32 = 52,20 €
   52,20 € : 8,70 € = 6
   Antwort: Der Aufenthalt dauerte 6 Tage.
4. Individuelle Schülerantworten

Das Sofa (S. 29–32)

1.

Anzahl der gefahrenen Kilometer	zu zahlender Betrag in €
0	2,50
1	3,90
2	5,30
3	6,70
4	8,10
5	9,50
10	16,50
15	23,50
20	30,50
25	37,50

Antwort: Der Mann ist zwischen 15 km und 20 km gefahren.
2. 28,80 € ist kein Betrag, der auftreten kann: 18 km kosten 27,70 € und 19 km kosten 29,10 km.
   Oder: 28,80 € – 2,50 € = 26,30 €, aber 26,30 ist nicht teilbar durch 1,40.
3. $y = 2{,}50 + x \cdot 1{,}40$

4.

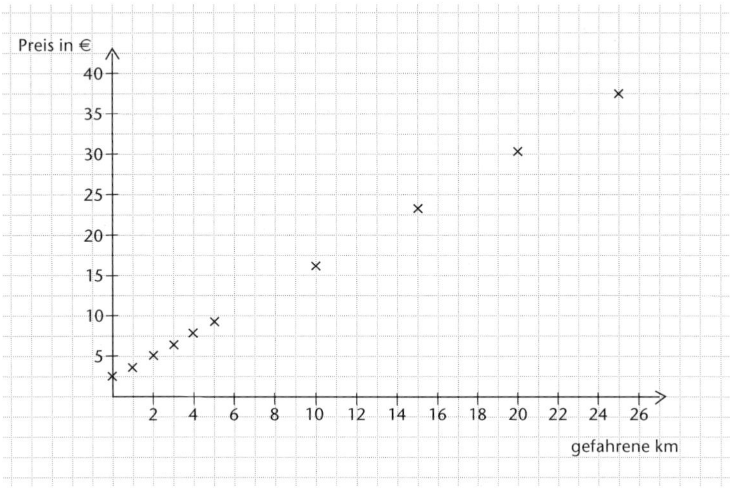

5. Der Mann hat behauptet, er habe 28,80 € bezahlt. Das kann nicht stimmen, denn dieser Betrag kommt in der Preistabelle nicht vor. Anders ausgedrückt: Die Gleichung $2{,}50 + x \cdot 1{,}40 = 28{,}80$ hat keine natürliche Zahl als Lösung.
6. Er hätte zum Beispiel einen Preis y aus der Preistabelle (siehe Lösung Aufgabe 1) nennen sollen. Die Gleichung $2{,}50 + x \cdot 1{,}40 = y$ muss eine natürliche Zahl als Lösung haben, da das Taxiunternehmen nur nach vollen Kilometern abrechnet. Zum Beispiel:
   Beispiel 1: 23,50 € (bei 15 km)
   Beispiel 2: 27,70 € (bei 18 km)
   Beispiel 3: 29,10 € (bei 19 km)
   Dabei sollte der Mann außerdem darauf achten, dass die Entfernung ungefähr stimmt und dass er das jeweils zugehörige Wechselgeld richtig berechnet.
7. Es gibt viele Möglichkeiten. Man sollte aber darauf achten, dass die ungefähre Kilometerzahl erhalten bleibt, sonst wäre die Glaubwürdigkeit gefährdet.
   Zum Beispiel:
   Möglichkeit 1: Grundgebühr: 6 €, Preis pro km: 1,20 € (Anzahl der km: 19)
   Möglichkeit 2: Grundgebühr: 1,80 €, Preis pro km: 1,50 € (Anzahl der km: 18)
   Möglichkeit 3: Grundgebühr: 0 €, Preis pro km: 1,60 € (Anzahl der km: 18)
8. Individuelle Schülerantworten

<u>Der vorgetäuschte Selbstmord (S. 33–35)</u>

1.

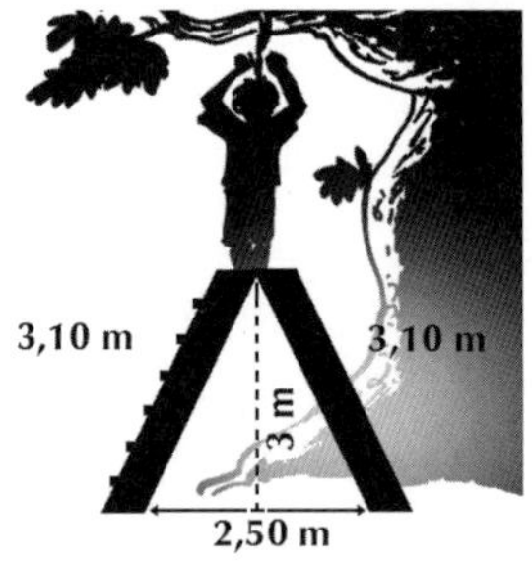

2. Hinweis: Die Schüler müssen ganz genau zeichnen, um den Widerspruch herauszuarbeiten.
   Maßstab: 1 : 100

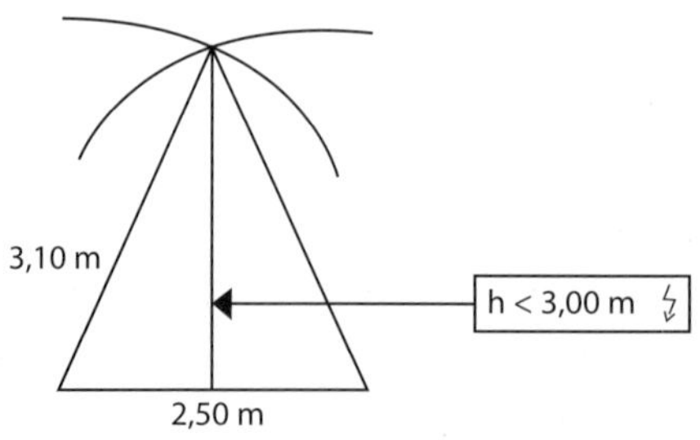

3. Die Länge der Leiter, die Höhe der Füße des Opfers über dem Boden und der Abstand der Fußpunkte der Leiterschenkel passen nicht zueinander. Die Leiter ist zu kurz. Der höchste Punkt der Leiter befindet sich ca. 2,84 m über dem Boden. Die Füße des Opfers baumelten jedoch in einer Höhe von 3,00 m. Außerdem sollte man noch berücksichtigen, dass bei einem echten Selbstmord die Person oben auf der Leiter sich die Schlaufe zunächst locker um den Hals legt und dann die Leiter wegstößt. Erst jetzt wird das Seil gestrafft und der Körper fällt zunächst etwas in die Tiefe (Genickbruch), sodass der höchste Punkt der Leiter mindestens 3,50 m hoch sein müsste, damit die Füße nach dem Fall in einer Höhe von 3,00 m baumeln.
4. Er hätte eine längere Leiter benutzen müssen.
   Oder: Er hätte eine Leiter mit geringerem Abstand der Leiterschenkel wählen müssen, aber dann wäre die Leiter wahrscheinlich instabil gewesen.
   Oder: Er hätte Thomas Schlucker tiefer aufhängen müssen.
   (Hinweis: Die verschiedenen Möglichkeiten, auch Kombinationen zeichnen lassen.)
5. Individuelle Schülerantworten

Die Erpressung (S. 36–38)

1. Gleichung:
   $5x - 13 = 2x + 40\,451$
   $3x = 40\,464$
   $x = 13\,488$
   Die Kundennummer lautet 13 488.
2. a) $3x + 26 = x : 2 + 13\,081$
   $2{,}5x = 13\,055$
   $x = 5\,222$ Die Kundennummer lautet 5 222.
   b) $x + x + 1 + x + 2 = 2\,967$
   $3x + 3 = 2\,967$
   $3x = 2\,964$
   $x = 988$ Die Kundennummer lautet 988.
   c) $3x + 2x = 6\,165$
   $5x = 6\,165$
   $x = 1\,233$ Die Kundennummer lautet 1 233.
3. Individuelle Schülerantworten
4. Individuelle Schülerantworten

Die Beute (S. 39–41)

1. Der Mittelpunkt des Umkreises der drei Gefängnisse ist die Position der Beute. Anleitung: Verbinde die drei Gefängnisse miteinander. Zeichne jeweils die Mittelsenkrechte ein. Der Schnittpunkt der drei Mittelsenkrechten ist der Mittelpunkt des Umkreises.

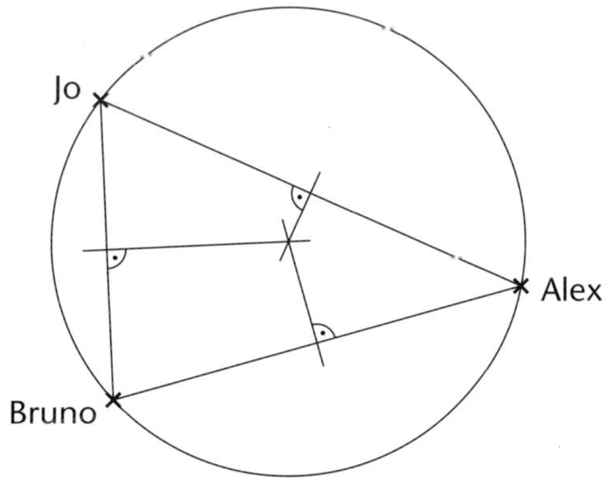

2. Auf jedem Punkt des Kreises (vgl. Aufgabe 1) könnte ein Gefängnis liegen, denn jeder Punkt des Kreises ist gleich weit vom Mittelpunkt (Beute) entfernt.
3. Nein, diesen Punkt gibt es nicht immer. Wenn die drei Gefängnisse auf einer Geraden liegen, liegen die Mittelsenkrechten parallel zueinander. Sie schneiden sich nicht. Dann gibt es auch keinen Umkreis und keinen Mittelpunkt.

4. a) Hallo Kai,
heute war der doofe Kommissar Knick bei mir. Du, den habe ich aber schön reingelegt. Na logo, der wollte wissen, wo die Beute versteckt ist, aber nicht mit mir, ich habe ihm nur gesagt, dass sie von uns dreien gleich weit entfernt ist. Haha, da kann er lange suchen. Ansonsten habe ich geschwiegen wie ein Grab. Also mach dir mal keine Sorgen.
Bruno
b) Individuelle Schülerantworten

Selbst schuld! (S. 42–45)

1.

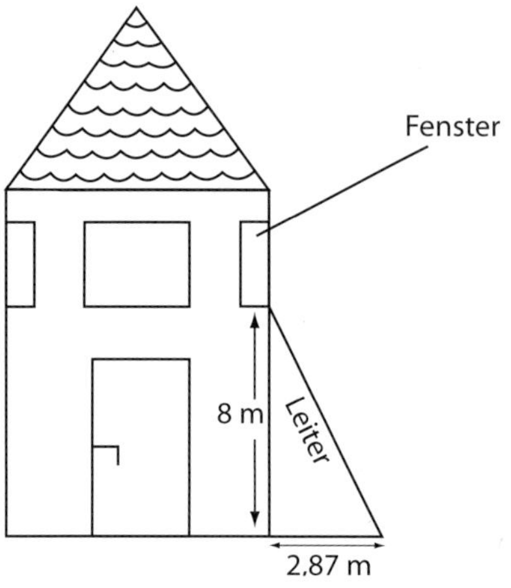

2.

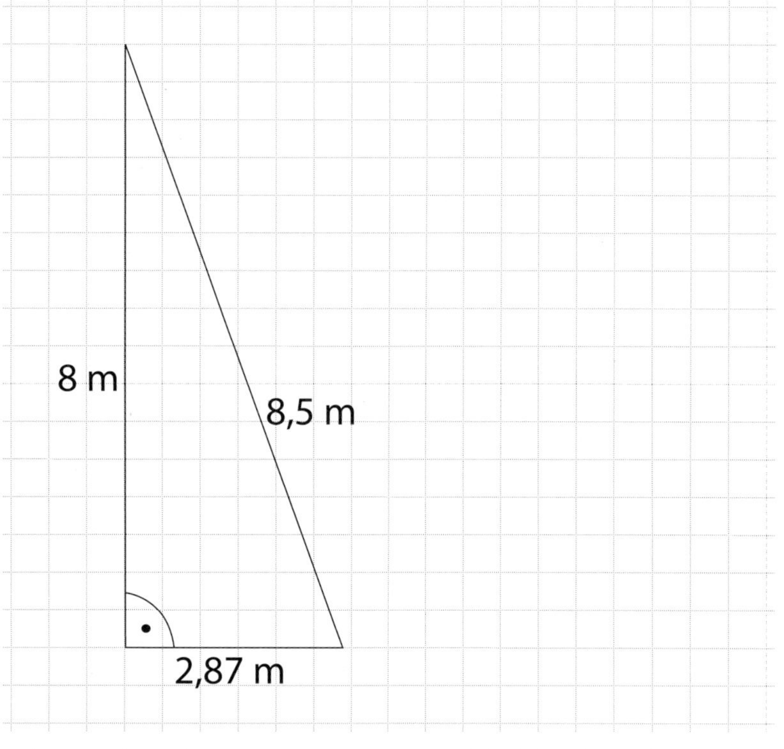

Antwort: Die Leiter ist 8,5 m lang. Herr Jakob ist der Schuldige.

3. Nach dem Satz des Pythagoras gilt:

$$(8\text{ m})^2 + (2{,}87\text{ m})^2 = x^2$$
$$\sqrt{(8\text{ m})^2 + (2{,}87\text{ m})^2} = x$$
$$8{,}5\text{ m} \approx x$$

4. Leiter 2 (Länge 10 m):

$$(8\text{ m})^2 + x^2 = (10\text{ m})^2$$
$$x^2 = 100\text{ m}^2 - 64\text{ m}^2$$
$$x^2 = 36\text{ m}^2$$
$$x = 6\text{ m}$$

Antwort: Der Abstand hätte 6 m betragen müssen.

Leiter 3 (Länge 12 m): $(8\,m)^2 + x^2 = (12\,m)^2$

$x^2 = 144\,m^2 - 64\,m^2$

$x^2 = 80\,m^2$

$x \approx 8{,}94\,m$

Antwort: Der Abstand hätte 8,94 m betragen müssen.

5\.

Leiter 2 (Länge 10 m): $x^2 + (2{,}87\,m)^2 = (10\,m)^2$

$x^2 = 100\,m^2 - 8{,}2369\,m^2$

$x^2 = 91{,}7631\,m^2$

$x \approx 9{,}58\,m$

Antwort: Die Höhe hätte 9,58 m betragen müssen.

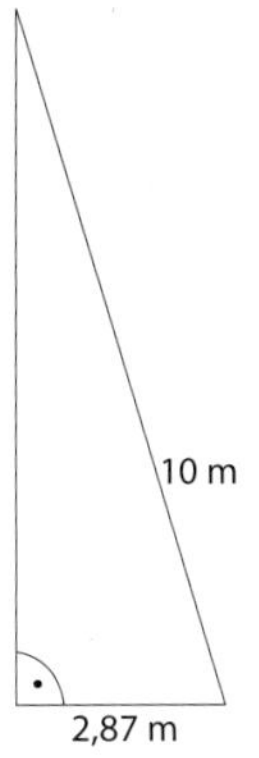

Leiter 3 (Länge 12 m): $x^2 + (2{,}87\,m)^2 = (12\,m)^2$

$x^2 = 144\,m^2 - 8{,}2369\,m^2$

$x^2 = 135{,}7631\,m^2$

$x \approx 11{,}65\,m$

Antwort: Die Höhe hätte 11,65 m betragen müssen.

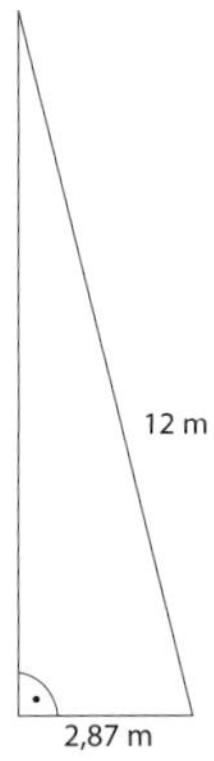

6\. Individuelle Schülerantworten

Das Gute im Menschen (S. 46–49)

1. a) Rechnung: 99 – 9 = 90. Es gibt 90 zweistellige Zahlen.
   b) Rechnung: 999 – 99 = 900. Es gibt 900 dreistellige Zahlen.
   c) Rechnung: 999 999 999 – 99 999 999 = 900 000 000. Es gibt 900 000 000 neunstellige Zahlen.
   Antwort: Udo hat mit keiner seiner Vermutungen recht.
2. x = Ausweisnummer des Jungen
   y = Ausweisnummer des Vaters
   Es ergibt sich folgendes lineares Gleichungssystem mit zwei Gleichungen und zwei Variablen:

$$y - x = 340\,786\,205 \;\wedge\; x + 3y = 1\,524\,530\,615$$

$$\Leftrightarrow\; x = y - 340\,786\,205 \;\wedge\; y - 340\,786\,205 + 3y = 1\,524\,530\,615$$

$$\Leftrightarrow\; x = y - 340\,786\,205 \;\wedge\; 4y - 340\,786\,205 = 1\,524\,530\,615$$

$$\Leftrightarrow\; 4y = 1\,865\,316\,820 \;\wedge\; x = y - 340\,786\,205$$

$$\Leftrightarrow\; y = 466\,329\,205 \;\wedge\; x = 125\,543\,000$$

   Antwort: Die Ausweisnummer des Jungen lautet 125 543 000, die des Vaters 466 329 205.
3. x = Mitgliedsnummer des Jungen
   y = Mitgliedsnummer des Vaters

$$x + y = 682 \;\wedge\; (x - y) \cdot 4 = 1\,000$$

$$\Leftrightarrow\; x = 682 - y \;\wedge\; 4 \cdot (682 - y) - 4y = 1\,000$$

$$\Leftrightarrow\; x = 682 - y \;\wedge\; 2\,728 - 8y = 1\,000$$

$\Leftrightarrow 1\,728 = 8y$
$\wedge\, x = 682 - y$

$\Leftrightarrow \quad y = 216$
$\wedge\, x = 466$

Antwort: Die Mitgliedsnummer des Jungen lautet 466, die des Vaters 216.

4. Individuelle Schülerantworten
5. Individuelle Schülerantworten

Spiegeleier (S. 50–53)

1. Herr Herzlich hat wahrscheinlich den Hochzeitsring eingeschmolzen und daraus eine Schachfigur gemacht. Aus einem hohlen Zylinder wird so eine Pyramide mit quadratischer Grundfläche.
2. $V_{Ehering} = \pi \cdot (r_2{}^2 - r_1{}^2) \cdot h$
   $= \pi \cdot ((12\text{ mm})^2 - (10\text{ mm})^2) \cdot 4\text{ mm} \approx 552{,}92\text{ mm}^3 \approx 0{,}55\text{ cm}^3$
   Mit h_P = Höhe der Pyramide und a = Länge der Grundkante ergibt sich:
   $V_{Ehering} = V_{Schachfigur/Pyramide}$
   also: $0{,}55\text{ cm}^3 = h_P \cdot a^2 : 3$

   Durch Probieren: $V_{Turm} = 1\text{ cm} \cdot (1{,}3\text{ cm})^2 : 3 \approx 0{,}56\text{ cm}^3$
   Aus dem Ring wurde der Turm gemacht. Eine gewisse Ungenauigkeit entsteht durch Messfehler von Herrn Herzlich.
   Das Volumen der restlichen Schachfiguren weicht stark von dem des Eherings ab:

Figur	Volumen in cm^3 (gerundet)
Pferd	1,28
Läufer	1,24
Dame	1,89
König	3,33
Bauer	0,33

3. $V_{Ehering} = V_{König}$
   $\pi \cdot ((12\text{ mm})^2 - (10\text{ mm})^2) \cdot x = (20\text{ mm})^2 \cdot 25\text{ mm} : 3$
   $\pi \cdot 44\text{ mm}^2 \cdot x \approx 3\,333{,}33\text{ mm}^3$
   $x \approx 24{,}11\text{ mm}$
   Antwort: Der Ring hätte ca. 2,4 cm breit sein müssen.
4. $V_{Ehering} = V_{König}$
   $552{,}92\text{ mm}^3 = (20\text{ mm})^2 \cdot h : 3$
   $h \approx 4{,}15\text{ mm}$
   Antwort: Der König dürfte nur ca. 4,15 mm hoch sein.
5. Individuelle Schülerantworten
6. Individuelle Schülerantworten

Fahrerflucht (S. 54–57)

1. $f(x) = \left(\frac{x}{10}\right)^2$
2. Wenn der Fahrer wirklich 29 km/h gefahren ist, kann man die zugehörige Bremsspur folgendermaßen berechnen: $f(29) = \left(\frac{29}{10}\right)^2 = 8{,}41$
   Die Bremsspur dürfte also nur 8,41 m betragen. Sie ist aber in Wirklichkeit viel länger. Somit muss der Fahrer schneller gefahren sein.

3.

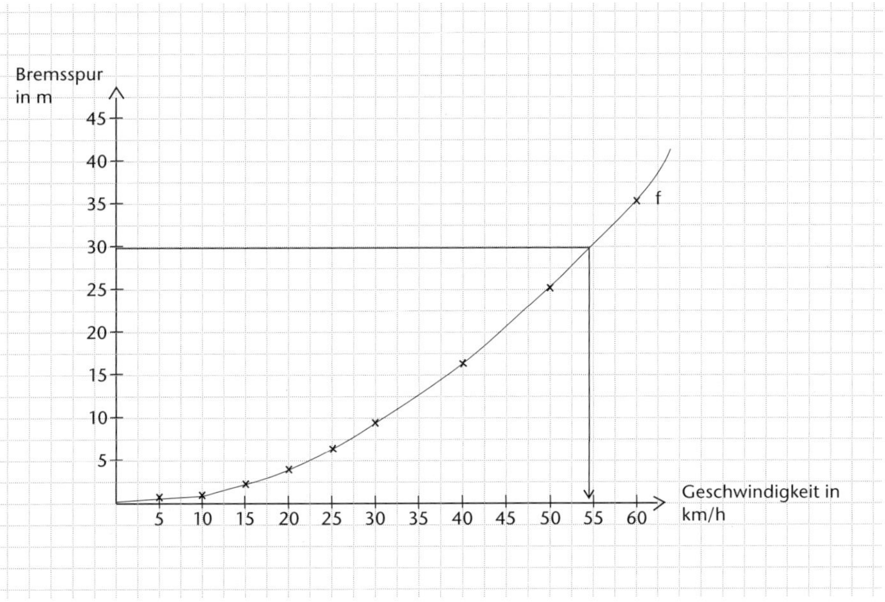

x	y
5	0,25
10	1
15	2,25
20	4
25	6,25
30	9
40	16
50	25
60	36

Die abgelesene Geschwindigkeit beträgt ca. 54 km/h.

4. $\left(\frac{x}{10}\right)^2 = y \Leftrightarrow x = 10 \cdot \sqrt{y}$

Für y = 29,254 (m) ergibt sich x ≈ 54,09 (km/h).

5. $x = 10 \cdot \sqrt{y}$

Vertausche x und y: $y = 10 \cdot \sqrt{x}$

Funktionsgleichung: $g(x) = 10 \cdot \sqrt{x}$ (x: Bremsweg (in m))

6./7.

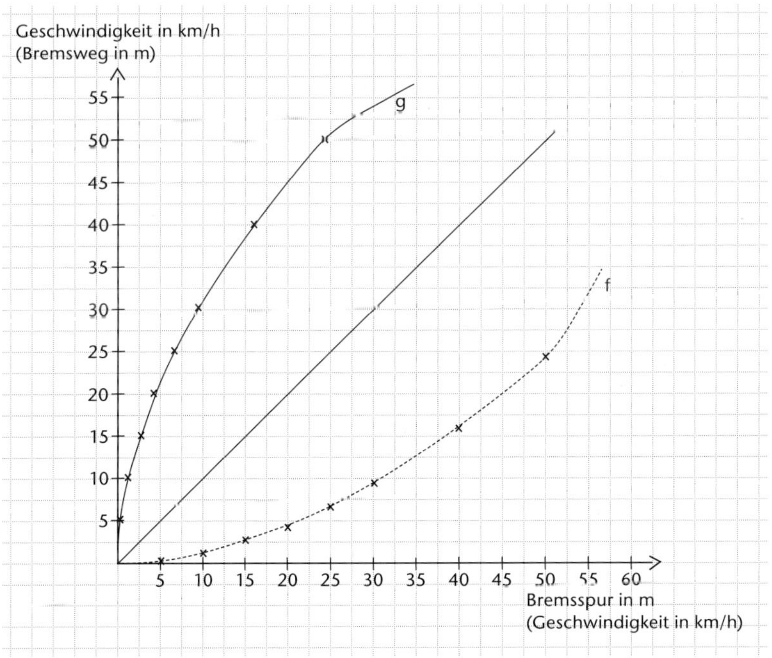

Die Graphen von f und g gehen durch Spiegelung an der Winkelhalbierenden im 1. Quadranten auseinander hervor.

8. Individuelle Schülerantworten

Charlotte zieht aus (S. 58–62)

1. Antwort: Es sind 256 Leute. (Charlottes Name erscheint bei 4 Leuten an 4. Stelle, bei 16 Leuten an 3. Stelle, bei 64 Leuten an 2. Stelle und bei 256 Leuten an 1. Stelle.)

2. 50 € · 256 = 12 800 €
   Antwort: Sie erhält dann 12 800 €. Sie wird also nicht Millionärin.
3.

Zeit	Anzahl der Schreiber	Anzahl der Empfänger	Zeit	Anzahl der Schreiber	Anzahl der Empfänger
Woche 1	1	4	Woche 7	4 096	16 384
Woche 2	4	16	Woche 8	16 384	65 536
Woche 3	16	64	Woche 9	65 536	262 144
Woche 4	64	256	Woche 10	262 144	1 048 576
Woche 5	256	1 024	Woche 11	1 048 576	4 194 304
Woche 6	1 024	4 096	Woche 12	4 194 304	16 777 216

   Antwort: Nach zwölf Wochen haben 4 194 304 Personen einen Brief geschrieben und 16 777 216 Personen einen Brief erhalten.
4. Man addiert alle Briefempfänger und den ersten Briefeschreiber:
   16 777 216 + 4 194 304 + ... + 16 + 4 + 1 = 22 369 621
   Nach zwölf Wochen haben schon 22 369 621 Personen an dem Kettenbrief teilgenommen.
5. Er sollte ihr raten, nicht mitzumachen, da innerhalb kurzer Zeit sehr viele Menschen am Kettenbrief teilnehmen müssten. Der Kettenbrief wird wahrscheinlich irgendwann abbrechen und die letzten Personen werden kein Geld mehr erhalten.
6. a) $f(x) = 4^{x-1}$
   b) $g(x) = 4^x$
7.

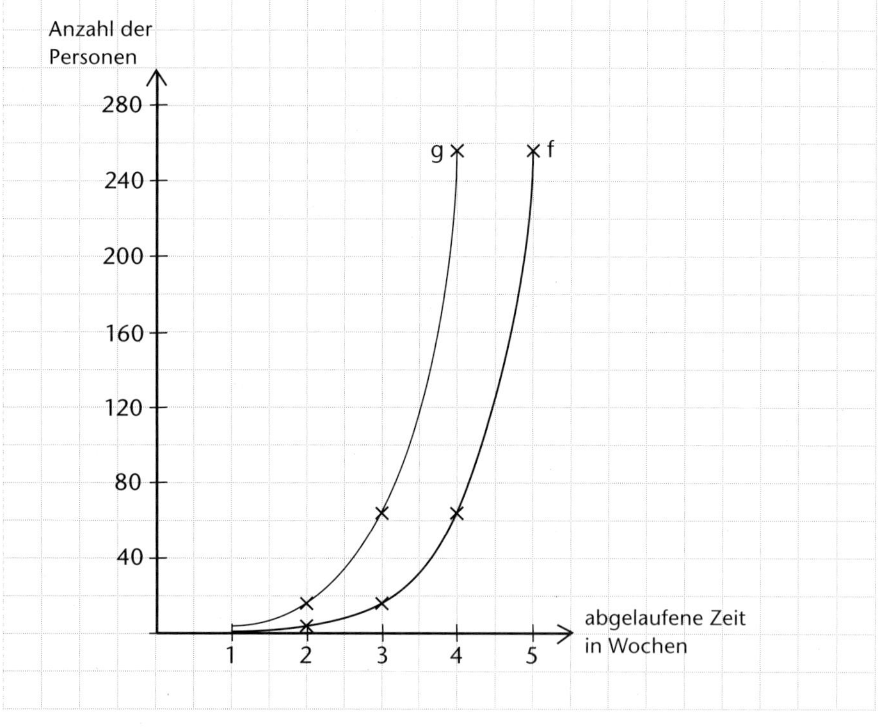

8. Individuelle Schülerantworten